AF391930

LES MATHÉMATIQUES
NATURELLES

Marc CHEMILLIER

LES MATHÉMATIQUES NATURELLES

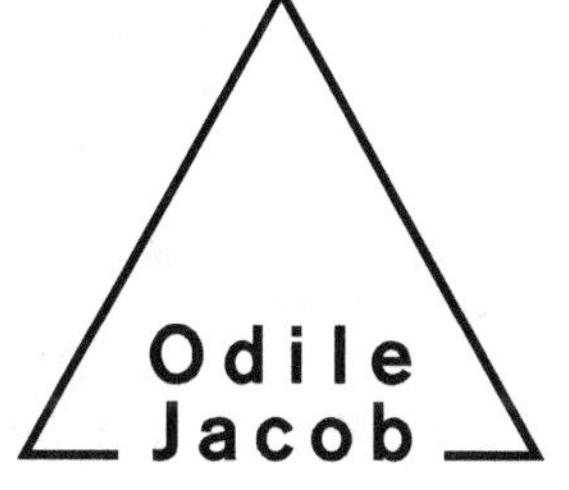

© Odile Jacob, mars 2007
15, rue Soufflot, 75005 Paris

www.odilejacob.fr

ISBN : 978-2-7381-1902-5

Avant-propos

Il est d'usage d'appeler « langues naturelles » la grande diversité de langues auxquelles l'évolution de l'espèce humaine a donné naissance tout autour de la planète depuis l'apparition de l'homme, et dont on sait qu'elle est menacée aujourd'hui au point que, des six mille langues parlées, plus de la moitié auront disparu au siècle prochain. Cette appellation a pris place au sein d'une opposition entre langues naturelles et langages formels. Les premières se rapportent à l'homme, les seconds aux ordinateurs, c'est-à-dire à des programmes ou séquences d'instructions exécutables mécaniquement.

L'adjectif « formel » s'emploie également à propos des mathématiques. On parle de « mathématiques formelles » (ou « formalisées ») pour désigner une certaine manière d'exprimer des idées mathématiques à l'aide d'une notation spécifique soumise à une syntaxe rigoureuse dans le but d'éliminer autant que faire se peut toute trace d'ambiguïté[1]. À côté de ces mathématiques spécialisées, l'expression « mathématiques naturelles » qui apparaît dans l'intitulé de ce livre désigne une activité de l'homme en général, commune à tous les hommes, et dont on étudiera quelques manifestations en différentes régions du globe. Nous voyagerons donc dans de nombreuses cultures à la rencontre de gens qui, bien qu'experts dans leur société, ne font pas nécessairement usage de l'écriture.

Ce livre invite à s'interroger sur la manière dont on pense et raisonne à l'autre bout du monde. L'étranger qui se trouve aux antipodes pense-t-il de la même manière que moi ? La logique est-elle universelle, ou existe-t-il d'autres manières de raisonner que l'on pourrait qualifier de « prélogiques » ? Ce livre apporte quelques éléments de réponse pour une appréciation plus juste et mieux documentée de l'exercice de la pensée rationnelle sur cette planète.

Parler de mathématiques en dehors du contexte de l'écriture nécessite quelques précautions. L'une des idées essentielles sur lesquelles repose la conception des mathématiques qui inspire ce livre est que le discours formalisé utilisé par les mathématiciens professionnels dans les articles publiés par les revues spécialisées ne représente qu'une partie de leur activité réelle. Cela conduit à distinguer deux formes de l'activité mathématique, la forme « analytique », qui repose sur la manipulation de symboles telle qu'on la pratique dans le discours formalisé, et une autre forme, dite « analogique-expérimentale » selon l'expression de Philip J. Davis et Reuben Hersh[2], qui est plus proche de l'intuition des mathématiciens lorsqu'ils font, par exemple, un croquis pour tester une hypothèse. Cette deuxième forme fait partie intégrante de l'activité réelle de tout mathématicien, et aucune branche de la discipline ne se serait développée sans elle. Lorsqu'on parle de mathématiques dans les sociétés de tradition orale, c'est de cette forme qu'il s'agit.

Les travaux récents en psychologie des mathématiques apportent de nombreux éléments qui permettent d'enrichir cette opposition. Certaines expériences montrent en effet que l'homme dispose de capacités numériques innées, dont le mécanisme est de type analogique, c'est-à-dire qu'il permet de comparer deux nombres, mais pas de calculer de façon juste. Il faut un autre mécanisme cognitif, de nature distincte, et reposant sur la manipulation symbolique des nombres, pour traiter des quantités exactes. La distinction entre ces deux mécanismes est confirmée par l'étude de certaines lésions cérébrales, qui entraînent la perte de l'un des mécanismes mais pas de l'autre. Par exemple, Stanislas Dehaene cite le cas d'un patient qui était capable d'affirmer instantanément que 8 est plus grand que 7, mais qui ne savait pas dire combien fait 2 + 2, répondant tantôt 3, tantôt 4, tantôt 5[3].

Plus généralement, les études sur le fonctionnement du cerveau montrent que celui-ci est dans une large mesure de type analogique et mal adapté aux longues chaînes de raisonnements symboliques. Les chaînes des démonstrations formelles construites par les mathématiciens ne correspondent pas au fonctionnement réel du cerveau lorsque celui-ci fait des mathématiques. En se référant à la réalité du fonctionnement cérébral, il devient envisageable de parler de mathématiques en dehors du contexte de l'écriture, dans l'étude de certaines activités pratiquées dans les sociétés de tradition orale. L'écriture formalisée joue certes un rôle essentiel pour objectiver le discours mathématique, mais cette formalisation ne réalise jamais pleinement ses buts. D'une part, aucun texte de mathématiques ne se soumet strictement aux exigences de la logique formelle. Ensuite, il n'existe pas de procédure de vérification des textes mathématiques fiable à cent pour cent. Enfin, les critères qui définissent le discours formalisé changent d'une époque à l'autre.

Au sein des sociétés de tradition orale, certaines idées mathématiques se manifestent dans des activités spécifiques telles que les arts décoratifs, les jeux de stratégie ou les techniques de divination. L'une de leurs caractéristiques est qu'elles reposent sur des règles précises, explicites et cohérentes entre elles. Cette propriété pourrait expliquer que les idées de ce type ont une certaine stabilité dans la culture qui les produit (elles pourraient constituer ce que l'anthropologue Dan Sperber appelle des « attracteurs formels[4] »). Par exemple, il est très frappant que les règles de la divination malgache, héritées de la géomancie arabe, telles qu'on peut les observer aujourd'hui en pays

Antandroy, au sud de Madagascar, soient parfaitement stables et identiques à celles décrites... dans les traités latins du Moyen Âge ! On peut imaginer que toute modification de ces règles, dans le processus de transmission culturelle, ferait perdre au système une bonne partie de ses propriétés, et a donc une faible probabilité de s'imposer durablement.

L'ethnomathématique est une discipline née au carrefour de l'histoire et de la pédagogie des mathématiques. Elle s'intéresse aux propriétés formelles des idées mathématiques développées dans les sociétés non occidentales, abordées comme des objets abstraits et décrits dans le langage des mathématiques formalisées. De ce point de vue, on montre que certaines activités de tradition orale reposent sur des notions mathématiques complexes dont la description nécessite une formalisation poussée, assez éloignée des raisonnements de sens commun. En mai 2005, le magazine de vulgarisation scientifique *Pour la science* publiait un numéro spécial intitulé « Mathématiques exotiques ». Certains thèmes se référaient à des pratiques mathématiques du passé (arithmétique maya), d'autres à des activités de la vie quotidienne (nouage de cravate), mais le dossier comportait également un ensemble d'articles traitant des aspects mathématiques de certaines activités spécifiques de tradition orale, entre autres les dessins kolam en Inde, les dessins sur le sable en Angola, le jeu de stratégie awélé, les jeux de ficelle, le comptage sur les doigts chez les Mundurucus d'Amazonie. On retrouvera tout au long de ce livre certains des thèmes présentés dans ce magazine.

Mais l'approche ethnomathématique n'a jusqu'à présent que peu étudié la manière dont, au sein de la culture concernée, de telles idées s'organisent en véritables savoirs de tradition orale. Pour cela, l'ethnomathématique doit chercher des explications causales aux phénomènes culturels, qui permettent de comprendre comment de telles idées ont pu se développer. Ces explications causales doivent être recherchées du côté de la psychologie. Les propriétés formelles ne sont que des « propriétés psychologiques potentielles » (selon l'expression de Dan Sperber[5]) tant qu'une approche psychologique n'a pas permis de mettre en évidence la réalité cognitive sur laquelle elles s'appuient.

Dans ce livre, nous nous proposons d'aborder certains thèmes de l'ethnomathématique sous l'angle des propriétés psychologiques réelles que l'on peut y observer. D'une manière générale, notre but sera d'examiner dans quelle mesure il est possible de passer des propriétés psychologiques potentielles que sont les propriétés formelles étudiées par les ethnomathématiciens à des propriétés psychologiques réellement attestées.

Le *chapitre premier*, « Mathématiques sans écriture ? », revient plus en détail sur la question générale de la possibilité qu'existent et se développent des mathématiques hors du contexte de l'écriture, et sur le rôle de l'écriture et de la formalisation en mathématiques comme outil indispensable pour secourir et dépasser l'intuition, lorsque celle-ci est confrontée à des paradoxes. Cet outil a aussi ses limites, comme on le rappellera. Aucune formalisation ne rend compte de l'intuition de façon absolument parfaite. L'axiomatisation est un processus qui fonctionne par essais et erreurs et qui est toujours susceptible d'être dépassé. Formaliser consiste, en effet, à poser dans un premier temps des axiomes de telle sorte qu'ils traduisent l'intuition de façon adéquate (par exemple, en postulant que « par deux points ne passe qu'une seule droite »). Puis on déduit à partir de ces axiomes certaines assertions en respectant les règles de la logique. Enfin on confronte les nouvelles assertions obtenues avec l'intuition, ce qui oblige généralement à revenir aux axiomes pour les modifier ou les étendre, en bouclant ainsi le processus rétroactif d'essais et erreurs. Ce chapitre reprend également la distinction fondamentale entre mathématiques analytiques et analogiques, en présentant le point de vue psychologique fondé sur la notion de représentation. Les psychologues s'intéressent aux relations entre représentations et conduites, plus précisément au fait que des représentations peuvent être accompagnées ou non de verbalisation. Ce point est essentiel pour l'enquête ethnographique, comme on le verra dans les chapitres suivants, car la mise en évidence d'un savoir traditionnel est rendue plus difficile lorsque celui-ci ne fait l'objet d'aucune verbalisation.

Les *chapitres 2 et 3* reprennent des thèmes classiques de l'ethnomathématique (dessins sur le sable, jeux de stratégie). Le premier présente des travaux de référence dans la discipline, de Marcia Asher et Paulus Gerdes notamment, qui ont analysé les propriétés des dessins sur le sable en termes de graphes eulériens. On s'efforcera de mettre en relation les propriétés formelles observées avec les connaissances autochtones réelles, telles qu'on peut les reconstituer *a posteriori*, mais cet effort se heurtera au fait que de tels travaux s'appuient sur des données ethnographiques rassemblées autrefois en dehors de préoccupations mathématiques. Le chapitre suivant consacré à l'awélé aborde la question de la verbalisation et des raisonnements associés à des savoirs mathématiques dans les sociétés de tradition orale. Il décrira certains travaux de psychologie interculturelle menés par Jean Retschitzski pour recueillir sur le terrain les raisonnements des joueurs sur leur pratique.

Les *chapitres 4 et 5* explorent le domaine de la musique, qui a été encore peu étudié en ethnomathématique. Le lien entre mathématiques et musique est attesté par une longue tradition dans la civilisation occidentale : le but de ces chapitres est de montrer que ce lien peut également être envisagé dans le contexte de sociétés de tradition orale. On étudiera dans un premier temps les rythmes pratiqués en Afrique centrale, qui ont des propriétés d'asymétrie très remarquables. Puis on s'intéressera à de petites séquences jouées sur la harpe chez les Nzakara de République centrafricaine, qui ont la particularité surprenante d'être des canons à deux voix. La question fondamentale qui parcourt ce livre, à savoir mettre en relation des propriétés formelles avec les processus cognitifs censés en être la cause, se pose ici d'une manière exemplaire, car les structures formelles mises en évidence sont susceptibles de « métamorphoses logiques ». En effet, l'analyse des formules de harpe en canon peut être menée de deux manières très différentes dans leur énonciation, mais logiquement équivalentes. La question se pose alors de savoir laquelle des deux analyses est la plus pertinente dans le mode de pensée autochtone, à supposer que l'une des deux le soit, ce que les données ethnographiques ne permettent pas véritablement d'affirmer en l'état actuel de nos connaissances.

Les *chapitres 6 et 7* consacrés à la divination, qui terminent le livre, présentent le résultat des recherches que nous effectuons depuis quelques années sur la géomancie malgache, dans le cadre d'un programme pluridisciplinaire associant l'anthropologie, la psychologie cognitive et l'informatique. La particularité de cette recherche est de mener conjointement l'analyse mathématique et l'enquête de terrain. En ce sens, elle tente d'apporter une réponse aux questions soulevées tout au long des précédents chapitres, concernant la mise en relation de propriétés formelles avec des processus cognitifs réellement attestés.

Le mouvement général du livre s'efforce ainsi de montrer le rôle crucial que doit jouer l'enquête de terrain dans la recherche en ethnomathématique, et surtout, la nécessité de développer des méthodes nouvelles pour conduire de telles enquêtes, afin de parvenir à extraire le contenu proprement mathématique de certains savoirs traditionnels. À ce titre, le dernier chapitre sera en quelque sorte l'aboutissement de ce mouvement, en décrivant les difficultés, et parfois les réussites, d'une véritable expérience que nous avons menée d'« enquête ethnomathématique » sur le terrain.

Ce projet de livre a été rendu possible grâce à l'aide de Gérard Jorland, qui en a été à l'origine et a permis de lui apporter par ses précieux conseils de nombreuses améliorations.

Plusieurs articles avaient présenté des versions préliminaires de certaines parties. L'analyse des dessins vanuatu reprend le texte d'une conférence que j'avais faite en octobre 1997 dans l'ancien musée des Arts africains et océaniens. Je remercie Tom Johnson qui m'avait donné l'occasion de m'intéresser à ces merveilleuses arabesques. Je remercie également Annick Armani pour son aide dans la réalisation multimédia des versions animées de ces dessins, qui permettent de suivre le déroulement temporel des tracés et complètent utilement les figures de ce livre. Le lecteur pourra les retrouver avec d'autres sur le site Web des éditions Odile Jacob.

Le chapitre sur l'awélé reprend et prolonge de façon substantielle des éléments d'une communication intitulée « Mathématiques et musiques de tradition orale » faite en mars 1996 aux Rencontres pluridisciplinaires de Lyon éditées par H. Genevois et Y. Orlarey, *Musique & Mathématiques*, Lyon, Aléas-Grame, 1997, p. 133-143.

L'étude des rythmes asymétriques africains d'après les travaux de Simha Arom est inédite en français. Elle a fait l'objet d'un article en anglais, « Ethnomusicology, Ethnomathematics. The Logic Underlying Orally Transmitted Artistic Practices » publié dans les actes du Forum Diderot organisé par la Société mathématique européenne en décembre 1999 : G. Assayag, H. G. Feichtinger, J. F. Rodrigues, *Mathematics and Music*, Berlin, Springer Verlag, 2002, p. 161-183.

Mon travail sur la musique de harpe nzakara a été réalisé dans le cadre d'une thèse sous la direction d'Éric de Dampierre interrompue par sa mort en 1998. Le chapitre qui lui est consacré reprend la matière d'un article paru sous le tire « Représentations musicales et représentations mathématiques » dans *L'Homme*, numéro spécial « Musique et anthropologie », n° 171-172, 2004, p. 267-284, ainsi que des éléments de l'article que j'avais écrit en hommage à Dampierre dans les *Cahiers de musiques traditionnelles*, t. 11, 1998, p. 205-214.

La géomancie à Madagascar est le sujet d'une recherche collective. Je remercie mes collègues Victor Randrianary, Denis Jacquet et Marc Zabalia qui m'ont autorisé à reprendre dans ce chapitre les résultats de travaux menés en commun. Ce projet a été financé par l'action concertée incitative « Cognitique » du ministère de la Recherche pendant la période 2001-2004 et poursuivi en 2004-2007 dans le cadre de l'action concertée incitative « Histoire des savoirs ». Il associe l'équipe d'intelligence artificielle du GREYC à Caen (CNRS UMR 6072), le laboratoire de psychologie cognitive de Caen (EA 1774) et le laboratoire CNRS UMR 7173 du musée de l'Homme. Une version préliminaire est parue sous le titre « Aspects mathématiques et cognitifs de la divination *sikidy* à Madagascar » dans *L'Homme,* n° 182, 2007. Je remercie Noël J. Gueunier qui a bien voulu nous faire part de ses conseils concernant la terminologie malgache. J'adresse pour terminer tous mes remerciements à Lanto Raonizanany pour sa patience sur le terrain et son aide irremplaçable dans ce contexte.

La construction de certaines figures fait l'objet d'une animation consultable sur www.odilejacob.fr rubrique auteurs sites.

CHAPITRE PREMIER

Mathématiques sans écriture ?

Les mathématiques occidentales se sont constituées en discipline autonome grâce à l'écriture, qui a permis l'élaboration de son corpus de résultats. Dans les sociétés de tradition orale, la situation est différente : on est conduit à s'interroger sur les formes que l'activité mathématique peut prendre lorsqu'elle dépasse le stade cognitif élémentaire. En premier lieu, l'usage des nombres (dans les échanges économiques par exemple) y fournit un champ privilégié d'étude de l'activité mathématique. Mais les mathématiques ne se réduisent pas aux manipulations numériques. Il existe d'autres domaines d'activité qui sont propices à la mise en évidence de préoccupations mathématiques : les arts visuels, les jeux, ou la musique par exemple.

Dans certaines sociétés, les arts plastiques témoignent de véritables recherches géométriques (symétries des figures ornementales), ou topologiques (enchevêtrements de tracés linéaires). Les jeux de stratégie, d'un autre côté, pratiqués dans toutes les régions du monde (échecs, go, awélé), offrent un terrain approprié à l'étude des diverses modalités du raisonnement déductif. Depuis quelques années, le contenu mathématique ou logique de ces activités a commencé à être étudié systématiquement.

Quelles sont donc ces mathématiques cachées dans les activités de ce type telles qu'arts graphiques, jeux de stratégie ou musique ? Cette question conduit à examiner plus en détail le problème général de la possibilité d'existence et de développement des mathématiques hors du contexte de l'écriture. Dans ce chapitre, nous allons aborder ce problème, en portant notre attention plus particulièrement sur la distinction fondamentale entre mathématiques analytiques et analogiques. Les mathématiques pratiquées dans les sociétés sans écriture sont de type analogique. Leur enracinement intuitif et sensoriel est plus fort que celui des mathématiques analytiques. Mais les mécanismes cognitifs en œuvre dans les sociétés de tradition orale ne sont pas si différents de ceux du monde occidental qu'on le pense à première vue.

Écriture, formalisme et intuition

Y a-t-il des mathématiques dans les sociétés de tradition orale ? Cela dépend bien entendu du sens que l'on donne au mot « mathématiques ». Avant de préciser la forme que peuvent prendre ces mathématiques, convenons d'emblée qu'elles s'intéressent à un ensemble de notions qui correspondent, dans la pensée occidentale, à des objets mathématiques usuels (nombres, espace, propositions logiques). Lorsqu'elles sont épurées par la formalisation mathématique, ces notions prennent un caractère purement abstrait. Elles n'en gardent pas moins un lien de parenté avec l'univers concret, parce qu'elles tirent leur origine d'intuitions issues de notre expérience du monde extérieur. Le marcheur, par exemple, expérimente dans ses muscles ce qu'est aller d'un point à un autre *le plus directement possible* : ainsi la notion de ligne droite est-elle enracinée dans l'intuition sensorielle.

Ce que nous, Occidentaux, appelons « mathématiques » sont des mathématiques *analytiques*. Elles nécessitent l'usage de symboles, et ne sont pratiquées que dans les sociétés munies d'écriture. Mail il y a aussi des mathématiques non analytiques que Philip J. Davis et Reuben Hersh appellent *analogiques-expérimentales*.

> « Il est commode de diviser les mathématiques conscientes en deux catégories. La première, peut-être plus primitive, sera dite "analogique-expérimentale" ou, en abrégé, analogique. La seconde catégorie sera dite "analytique". La mathématisation analogique est parfois facile, elle peut être accomplie rapidement et elle peut ne faire aucun usage, ou très peu, des structures abstraites des mathématiques "scolaires". Elle peut être effectuée dans une certaine mesure par presque n'importe quel individu agissant dans un monde de relations spatiales et de technologie quotidienne. Tantôt elle est facile et presque sans efforts, tantôt elle est très difficile, par exemple lorsqu'on essaie de comprendre l'agencement des parties d'une machine, ou d'acquérir l'intuition d'un système complexe. Les résultats ne peuvent s'exprimer par des mots mais en "compréhension", "intuition" ou "impression". En mathématiques analytiques, l'outil symbolique prédomine. Elles constituent presque toujours une tâche difficile. Elles demandent du temps et de la fatigue. Elles nécessitent un entrainement particulier. Elles peuvent demander une vérification constante à l'aide de toute la culture mathématique pour assurer la fiabilité. Les mathématiques analytiques ne sont pratiquées que par très peu de gens. Les mathématiques analytiques sont élitistes ; elles s'autocritiquent. Les praticiens de ses plus hautes manifestations constituent une aristocratie. La plus grande vertu des mathématiques analytiques provient du fait que, tandis qu'il peut être impossible de vérifier les intuitions des autres, il est possible, quoique souvent difficile, de vérifier ses démonstrations[1]. »

Comme le soulignent Davis et Hersh, les mathématiques analogiques sont pratiquées par presque tout individu, en premier lieu dans ses relations spatiales avec le monde extérieur. Elles ne sont pas toujours élémentaires et correspondent parfois à des intuitions complexes. Surtout, elles ne sont pas étrangères à l'activité des mathématiciens spécialisés eux-mêmes. En effet, ceux-ci ne donnent une forme analytique à leurs exposés qu'au terme de recherches constituées, pour l'essentiel, d'études de cas particuliers, de tâtonnements sous forme de conjectures intermédiaires, et de contre-exemples. Au cours de ces recherches, la partie analogique-expérimentale est prépondérante. Il est difficile d'établir une différence de nature entre cette partie de leur activité et d'autres formes moins spécialisées d'activité cognitive déployées dans la vie quotidienne. En ce sens, on peut dire que, dans toute société humaine, on pratique, au moins d'une manière rudimentaire, les mathématiques.

Il nous semble que le théorème de Pythagore, qui date de 550 avant J.-C. environ, fournit un bon exemple illustrant cette notion de « mathématiques analogiques ». On sait que dans un triangle rectangle de côtés a, b, c le carré de l'hypoténuse est égal à la somme des carrés des deux autres côtés $c^2 = a^2 + b^2$. Mais sait-on comment démontrer ce résultat ? Gilles Godefroy rappelle qu'il existe une technique permettant de le faire de façon purement visuelle :

« Si nous analysons la démonstration, nous constatons qu'elle repose sur le simple fait que deux portions de plan exactement superposables ont même surface, fait qu'on applique ici à des carrés ou à des triangles rectangles isocèles. Cette assertion était à bon droit admise par les Grecs, comme en témoignent les *Éléments* d'Euclide. Elle permet d'ailleurs de donner une démonstration transparente du théorème de Pythagore dans le cas général. Cette démonstration, dans l'esprit du jeu chinois des formes appelé *tangram* et des pliages chers aux Orientaux dénommés *origamis*, est étroitement apparentée aux arguments de *Choupei Suan-ching*, un livre chinois où est présentée la démonstration d'un cas particulier du théorème de Pythagore, dans un chapitre sans doute antérieur de plusieurs siècles aux travaux des pythagoriciens. Il est donc vraisemblable que ce résultat central a été obtenu indépendamment par des chercheurs éloignés les uns des autres dans le temps et dans l'espace[2]. »

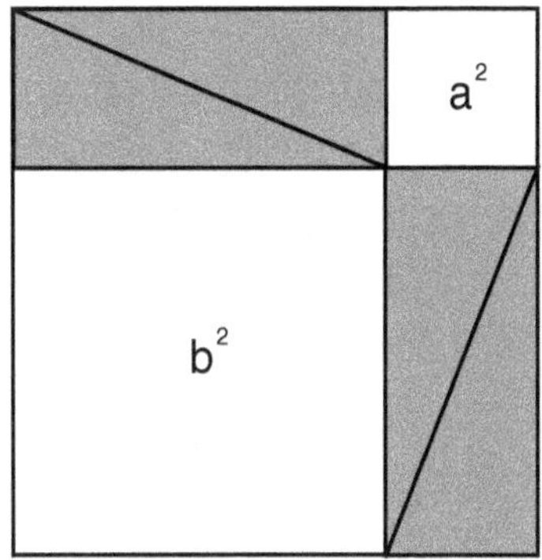
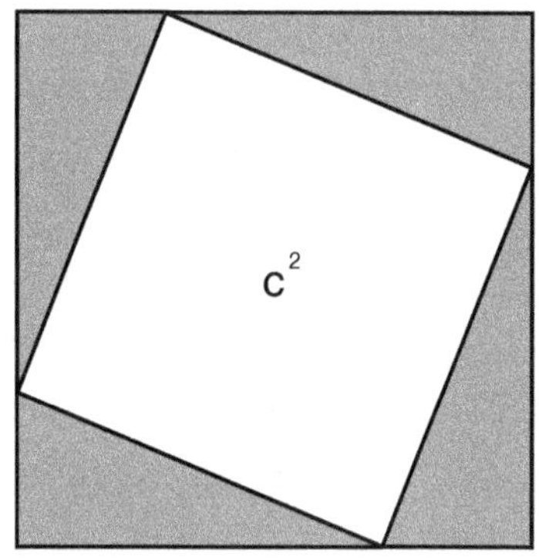

Figure 1.1 – *Démonstration visuelle du théorème de Pythagore.*
En faisant glisser les triangles, on montre que la surface du carré de droite c^2
est égale à la somme de celles des carrés de gauche $a^2 + b^2$.

L'image de la figure 1.1 donne une vision synthétique de la preuve : les quatre triangles occupent la même surface dans les deux dispositions, ce qui implique que la surface complémentaire reste la même dans les deux cas, grand carré d'un côté c^2 et petits carrés de l'autre $a^2 + b^2$. On peut même ajouter que cette démonstration est explicitée par un *geste*, celui de « faire glisser les triangles » selon la jolie expression de Gilles Godefroy, comme s'il s'agissait des pièces en bois d'un puzzle. On verra en de nombreux endroits de ce livre comment le geste est un véhicule puissant de la pensée. Nul besoin de l'écriture dans un tel contexte, la figure et le geste suffisent.

L'écriture et la formalisation jouent un rôle fondamental en mathématiques comme outils permettant de secourir l'intuition lorsque celle-ci est confrontée à des paradoxes. L'un des paradoxes classiques de l'Antiquité, celui de Zénon d'Élée (v. 495-430 av. J.-C.), affirme qu'Achille ne peut jamais rattraper la tortue, parce qu'il doit toujours atteindre d'abord le point où elle se trouvait précédemment et qu'elle a donc quitté entre-temps, de telle sorte que l'animal garde indéfiniment une longueur d'avance. Pourtant, à considérer posément le problème, on voit bien que si la vitesse d'Achille est supérieure à celle de la tortue, la distance qu'il parcourt augmente plus vite que celle parcourue par la tortue, si bien qu'il existe nécessairement un point où leurs trajectoires se rencontrent. Plus précisément, si v et v' sont les vitesses d'Achille et de la tortue, et d la distance les séparant au départ, leurs positions au temps t sont respectivement vt et $v't + d$, de telle sorte que l'on a $vt = v't + d$ à l'instant $t = d / (v - v')$ où ces deux positions se rejoignent.

Alors comment concilier ces deux points de vue, le fait que la tortue garde indéfiniment une longueur d'avance d'un côté, et le fait que sa trajectoire rencontre celle d'Achille de l'autre ? Le paradoxe est caché dans le terme « indéfiniment », qui paraît clair dans une approche naïve, mais qui doit nécessairement être précisé si l'on veut échapper à la contradiction. En réalité, dans une approche mathématique, on dira que la suite décroissante des distances séparant Achille de la tortue est une suite convergente, dont la limite est nulle. C'est cette notion de limite d'une suite convergente qui permet de lever le paradoxe. Mais que de chemin nécessaire pour y arriver (« suite convergente », « limite »…) ! Le paradoxe de Zénon est un exemple de situation où la formalisation est le seul moyen de rendre cohérentes entre elles deux descriptions incompatibles d'un même phénomène. D'un côté, on a une suite *infinie* de points successifs, de l'autre une distance *finie* séparant le point de départ du point de rencontre. Le concept mathématique de « suite infinie convergente » permet précisément de concilier ces deux aspects de finitude et d'infinitude.

Même en dehors de la situation embarrassante des paradoxes, l'écriture joue un rôle essentiel dans l'établissement de preuves des propriétés que l'on affirme à propos de divers objets mathématiques. Cette notion de « preuve » (ou de démonstration), dont Gilles Godefroy faisait remarquer qu'elle remontait aux Anciens, et qu'aux dires de certains, elle serait peut-être amenée un jour à disparaître[3], a pour fonction capitale de montrer que des énoncés considérés comme vraisemblables, sont vrais, sous réserve qu'on accepte le cadre d'une axiomatique donnée. L'enjeu est important, parce que les mathématiques sont pleines de ces suspens interminables, qui se prolongent parfois pendant des siècles, au terme desquels un résultat s'avère finalement vrai, ou parfois faux.

L'exemple emblématique de ce genre de suspens, qui a finalement trouvé une issue heureuse, est le fameux théorème de Fermat (1601-1665). Celui-ci affirme que l'équation

$$x^n + y^n = z^n$$

n'a pas de solutions entières non nulles pour n supérieur ou égal à trois (pour $n = 2$, on a bien entendu la solution $3^2 + 4^2 = 5^2$). On sait que Fermat a griffonné en marge d'un livre qu'il avait trouvé une démonstration de cet énoncé, mais qu'il n'avait pas assez de place pour l'écrire. Pendant plus de trois siècles, les mathématiciens ont essayé de reconstituer ce qui pouvait être une preuve de ce résultat. La propriété était tenue pour vraisemblable, mais elle n'était toujours pas démontrée. Au début des années 1990 (donc plusieurs années avant que le théorème ne soit finalement établi), un mathématicien de l'université de Caen, Yves Hellegouarch, me disait qu'il était *convaincu* que le théorème de Fermat était vrai. En 1995, l'histoire lui a donné raison, lorsque Andrew Wiles en a finalement donné une preuve complète.

Mais d'autres conjectures célèbres, qui ont tenu en haleine les mathématiciens, se sont révélées fausses. Gilles Godefroy cite l'exemple d'une majoration, conjecturée par Gauss (1777-1855), du nombre d'entiers premiers inférieurs à n. La répartition des nombres premiers est un phénomène mathématique fascinant, qui semble échapper à toute régularité. Pour essayer de percer ses mystères, on s'efforce de trouver des approximations de la fonction $\pi(n)$ qui est égale au nombre d'entiers premiers plus petits que n. Par exemple, il y a quatre entiers premiers inférieurs à dix (deux, trois, cinq et sept), donc $\pi(10) = 4$. Comment évolue $\pi(n)$ quand n prend des valeurs de plus en plus grandes ? Gauss avait conjecturé que ce nombre $\pi(n)$ était toujours plus petit que l'intégrale de l'inverse du logarithme entre 0 et n. Il a fallu attendre 1914 pour que John E. Littlewood (1885-1977) démontre que cette conjecture est fausse[4]. Mais le plus petit nombre pour lequel on sait aujourd'hui qu'elle est fausse est un nombre considérable, de l'ordre de 10^{370}. On voit que cette propriété pouvait raisonnablement être tenue pour vraisemblable, même si elle n'était pas vraie *stricto sensu*, au sens d'une preuve mathématique.

Il faut préciser que lorsqu'on dit qu'une propriété mathématique est « démontrée », c'est toujours relativement à une axiomatique donnée. Sa vérité n'est jamais absolue, mais toujours relative à un cadre fixé d'avance. Ce cadre est bien entendu choisi pour rendre compte de l'intuition de façon adéquate, c'est-à-dire pour que l'axiomatique permette de prouver des résultats qui correspondent à ceux que l'intuition suggère (excepté, bien sûr, les situations de paradoxe, dont la particularité est de mettre l'intuition en difficulté). Mais l'axiomatisation ne rend jamais compte de l'intuition de façon absolument parfaite.

Un exemple caractéristique de ces limites est celui de l'axiome de Pasch[5]. En 1882, soit plus de deux mille ans après qu'Euclide (v. 325-265 av. J.-C.) eut énoncé ses axiomes de la géométrie, le mathématicien allemand Moritz Pasch (1843-1930) s'est aperçu de leur incapacité à rendre compte de certaines intuitions élémentaires, et de la nécessité, pour rendre valide la démonstration de théorèmes importants de la géométrie, d'ajouter un nouvel axiome. Celui-ci correspond à une intuition pourtant très simple. Si une droite coupe un côté d'un triangle, elle coupe nécessairement l'un des deux autres côtés, c'est-à-dire que si elle « rentre » dans le triangle, elle doit en « ressortir » quelque part. Il n'y a pas besoin de faire une figure pour être convaincu que cette proposition est vraie. Mais les axiomes d'Euclide ne permettaient pas de rendre compte d'intuitions comme celle-là.

Une autre limite des mathématiques formalisées réside dans la formalisation elle-même, c'est-à-dire dans la manière dont on déduit des propositions à partir d'une axiomatique donnée. L'usage d'un symbolisme spécifique et de conventions d'écriture rigoureuses permet en principe de s'assurer que les déductions sont exemptes de fautes de raisonnement. Mais cet objectif n'est jamais atteint de façon infaillible. Même un résultat tenu pour irréfutable, parce qu'il a été démontré dans les règles de l'art, n'est vrai que dans la mesure où sa démonstration ne comporte pas d'erreur. Or il n'existe pas de procédure permettant de contrôler de façon certaine l'absence d'erreur dans une démonstration. On peut seulement affirmer qu'on est « convaincu » qu'une démonstration n'en comporte pas, de telle sorte que, même un résultat tenu pour vrai, n'est en réalité que « vraisemblable » dans la mesure où il repose sur la conviction que l'on a que sa démonstration est correcte.

Ce constat a été aggravé par l'introduction, il y a quelques décennies, de l'ordinateur dans des démonstrations par étude exhaustive de cas, qui nécessitent l'inventaire de milliers de configurations. C'est le cas du théorème des quatre couleurs démontré par Kenneth Appel et Wolfgang Haken en 1976. Ce théorème affirme que toute carte géographique peut être coloriée avec seulement quatre couleurs, de manière que deux pays voisins ne soient jamais de la même couleur. La propriété ainsi énoncée n'est vraie que si l'on accepte de considérer que l'ordinateur chargé d'inventorier les innombrables configurations nécessaires pour sa démonstration a bien calculé. Or vérifier ce point n'est pas la même chose que vérifier une démonstration mathématique au sens habituel. On voit que ce genre de situations nouvelles change de façon déterminante la conception même que nous nous faisons de ce qu'est un résultat « vrai » dans les mathématiques formalisées. En fin de compte, les relations entre l'intuition et l'écriture, qui fondent la distinction entre mathématiques analytiques et mathématiques analogiques, ne constituent pas un modèle idéal et éternellement stable, mais un champ d'expérimentations riche et complexe.

LES REPRÉSENTATIONS
D'UN POINT DE VUE PSYCHOLOGIQUE

Une distinction semblable à celle qui oppose mathématiques analogiques et analytiques est en usage chez les psychologues. Ceux-ci utilisent la notion de représentation, qui met en jeu un représentant et un représenté associés dans certaines conduites. Considérons un objet simple comme un panier, et prenons une photographie de cet objet. La photographie joue le rôle de représentant si, par exemple, on me la confie en me demandant d'aller dans un placard qui contient plusieurs paniers pour chercher celui qui correspond au cliché. Ma conduite sera alors guidée par une représentation associant panier-représenté et photographie-représentant, où le substitut représentant me permet de contrôler mon action pour trouver l'objet représenté. Le représentant a ici une existence autonome en tant qu'objet réel, puisqu'il s'agit d'une photographie, mais le même scénario peut être imaginé avec un représentant mental, par exemple si je devais aller chercher le panier après avoir vu la photographie, mais sans l'emporter avec moi, en me fiant seulement à ma mémoire. Ma conduite serait alors déterminée par un représentant purement mental, une image mentale du panier.

La notion de représentation utilisée en anthropologie diffère sensiblement de celle illustrée par l'exemple précédent, dans la mesure où les représentations étudiées, appelées *représentations culturelles*, sont moins celles d'un individu que celles d'un groupe[6]. Ces représentations se manifestent dans des conduites sociales, comme celles qui caractérisent, par exemple, l'attitude à l'égard des parents. Mais les représentations qui nous intéressent sont des représentations culturelles un peu particulières, elles ne sont pas nécessairement partagées par toute une société. Prenons le cas de la musique. La compréhension des formes musicales et la capacité de réfléchir sur ces formes ne concernent pas tous les individus, mais seulement certains esprits ayant des aptitudes spécifiques. C'est pourquoi il est nécessaire de distinguer, parmi les individus d'une société, ceux qui jouent la musique, ceux qui la créent (c'est-à-dire qui inventent de nouvelles formes) et ceux qui sont capables d'en parler, ces trois catégories d'individus mettant en œuvre des facultés cognitives différentes. Cette distinction est d'ailleurs universelle et vaut pour la société occidentale, où l'interprète, le compositeur et le théoricien de la musique sont rarement une seule et même personne.

Peut-on parler de représentations mathématiques dans un contexte de tradition orale ? On a rappelé plus haut que l'écriture est un outil essentiel utilisé par les mathématiciens pour mettre en forme leurs intuitions à travers des *démonstrations écrites* soumises à une syntaxe rigoureuse. Celle-ci joue le rôle de filtre permettant d'éliminer les intuitions fausses. Mais il est non moins vrai que la partie écrite des mathématiques ne représente qu'un aspect de l'activité des mathématiciens. Les psychologues font une différence intéressante entre représentations analogiques et non analogiques, qui permet de distinguer deux niveaux de l'activité mathématique, et d'étendre la notion de représentation mathématique hors du contexte de l'écriture.

On appelle *représentations analogiques* celles qui reposent sur une ressemblance entre les termes représentant et représenté. Si l'on reprend l'exemple du panier, une photographie ou un croquis sera considéré comme une représentation analogique. Mais il faut souligner que la relation représentant-représenté s'étend à des formes beaucoup plus diversifiées que la simple relation d'analogie entre un objet et sa photographie. Par exemple, on peut représenter le panier par une description, c'est-à-dire un ensemble de mots écrits sur une feuille de papier, qui n'a aucune ressemblance matérielle avec l'objet, mais qui affirme à son sujet certaines propriétés. Il s'agira alors d'une *représentation non analogique*[7]. Les textes des mathématiques occidentales en sont un exemple typique. Mais les psychologues soulignent l'existence d'un autre niveau de l'activité mathématique où les représentations analogiques ont une place essentielle. À ce niveau, elles jouent un rôle dans l'intuition des mathématiciens, qui consiste, dans de nombreux cas, à imaginer des conjectures à partir de manipulations effectuées sur ces représentations. Ainsi, lorsque nous parlons de représentations mathématiques dans un contexte de tradition orale, il s'agit de représentations analogiques, proches de celles qui interviennent dans cette partie intuitive de l'activité mathématique.

Certaines représentations peuvent fonctionner dans des systèmes de conduites très différents les uns des autres, et apparaissent comme « détachables » de ces conduites[8]. Dans ce cas, elles sont verbalisables : on en trouve un exemple type dans les concepts scientifiques. D'autres, en revanche, ne fonctionnent qu'à l'intérieur d'un système de conduites bien déterminé, et ne peuvent avoir une indépendance totale à l'égard de ce système. Ce sont des programmes comportementaux intégrés dont on peut observer les résultats à travers des conduites, mais qui ne sont pas directement accessibles à la conscience. Celles-là *ne sont pas verbalisables*, et si l'on peut éventuellement en parler, on ne peut pas les transmettre intégralement sous forme verbale. La grammaire d'une langue est un exemple de représentation intégrée de ce type. Elle constitue un savoir partagé par les locuteurs de cette langue, mais sans que ceux-ci puissent expliciter complètement l'ensemble complexe des règles qui régissent son fonctionnement. Un autre exemple de représentations de ce type, qui présente des similitudes avec le thème des dessins sur le sable abordé plus loin, c'est celui du nouage ou de la dentelle. Le produit de l'activité contrôlée par ces représentations peut faire l'objet d'un discours (on peut décrire un napperon), mais l'activité elle-même n'est pas transmissible par le seul langage : on ne peut l'enseigner au téléphone[9].

ENQUÊTE DE TERRAIN
ET SAVOIRS DE TRADITION ORALE

Les savoirs de tradition orale ne sont pas toujours verbalisés. C'est particulièrement le cas en ce qui concerne les savoirs musicaux. Pour les ethnomusicologues, l'une des principales difficultés vient de ce que les représentations mentales associées à la musique sont rarement l'objet d'un discours. Comme l'a souligné Rouget à propos des musiques de cour de Porto-Novo, les conduites musicales sont le plus souvent régies par des règles implicites, ce qui conduit à distinguer deux niveaux du savoir musical, le niveau manifeste et le niveau latent :

> « Par "niveau manifeste", entendons celui où se situe le savoir explicite – c'est-à-dire s'exprimant par des mots – dont cette musique est l'objet pour ceux ou celles qui la font. Concrètement : la terminologie autochtone concernant les instruments de musique, la musique et la danse, d'une part ; de l'autre, l'expression des idées ou des représentations collectives, autochtones toujours, s'y rapportant dans les différents domaines de la symbolique, de la fonction et de l'histoire. Ajoutons, bien entendu, les paroles des chants et les formules mnémotechniques des rythmes[10]. »

Pour illustrer ce « niveau manifeste » du savoir, citons le cas du répertoire musical qui sera présenté au chapitre 5, dont les pièces sont classées selon une nomenclature autochtone en *ngbàkià, limanza, gitangi*, ces termes désignant également les danses qu'elles accompagnent. À un autre niveau se situent ce que Rouget appelle les savoirs implicites :

> « Par "niveau latent" entendons celui où se situent les savoirs implicites – autrement dit : ne disposant d'aucun vocabulaire

autochtone pour s'exprimer – qui régissent l'organisation de cette musique[11]. »

Comme exemple de « niveau latent », on peut mentionner les caractéristiques rythmiques des danses citées plus haut, car comme on le verra, la nomenclature autochtone de classification des pièces coïncide avec une distinction sur le plan musical en rythmes binaire (*ngbàkià*) et ternaire (*limanza*), bien qu'aucun terme vernaculaire ne corresponde à ces notions de « binaire » et « ternaire ». Les deux niveaux du savoir ainsi définis, manifeste et latent, renvoient approximativement à ce que les psychologues décrivent comme les deux types possibles de relations entre conduites et représentations.

Certaines notions mathématiques, comme les nombres, ne font pas nécessairement l'objet d'une verbalisation. On sait qu'il existe certaines langues ne comportant aucun terme pour désigner les nombres autres que « un », « deux » et « beaucoup ». Mais les locuteurs de ces langues peuvent compter, même s'ils ne disposent pas de termes spécifiques associés aux nombres. Il suffit pour cela qu'ils réalisent un appariement entre les objets à compter et une série d'objets de référence, par exemple les doigts de la main :

> « Ce concept d'appariement nous rend accessible la notion abstraite de nombre : dès lors que cinq bisons ou cinq jours de marche sont mis en correspondance avec les cinq doigts d'une main, on peut nommer cinq, par exemple, du mot qui signifie *main*, et parvenir à l'idée que *"main"* s'emploie identiquement pour compter des objets, des jours ou des sons, puis de là au concept du nombre *"main*[12]*"*. »

Ainsi, la notion de nombre dans sa forme archaïque paraît plus proche du geste consistant à apparier des objets, que de la verbalisation consistant à nommer les quantités. Ajoutons, pour compléter cette remarque, que les études en neuro-imagerie cognitive révèlent, lors des activités numériques comme le comptage, l'activation, dans le gyrus précentral du cerveau, de la bande prémotrice proche de la zone activée pour la représentation des doigts. Ce lien pourrait être une trace développementale du comptage et de la manipulation des quantités sur les doigts lors de l'acquisition par l'enfant des capacités numériques[13].

Les représentations non verbalisables sont difficiles à cerner par l'enquête ethnographique, comme le souligne Maurice Bloch :

> « Il ne faut pas confondre ce que les gens disent et ce qu'ils pensent. Il y a différentes catégories de savoir et chacune d'elles entretient une relation différente avec le langage et l'action. Normalement, on ne parle jamais du savoir le plus fondamental, et en parler c'est en transformer la nature : c'est le fait même que l'on ne puisse en parler qui nous permet de l'utiliser avec rapidité et souplesse. Ce savoir est tout simplement implicite, et c'est grand dommage parce que c'est précisément ce type de savoir qui devrait constituer l'objet privilégié des recherches anthropologiques[14]. »

Il donne un exemple tiré de son travail sur la parenté qui met en lumière ce que peut être un concept non verbalisé. Les Zafimaniry de Madagascar ont une terminologie de parenté assez vague. Or il se trouve que leur système d'alliance fonctionne sur un modèle précis à deux moitiés exogames, échangeant des conjoints de manière régulière et systématique. Ainsi, les Zafimaniry utilisent le concept de « groupe d'alliés parmi lesquels nous chercherons normalement nos époux », alors qu'ils n'ont aucun mot pour le désigner. Bloch montre que ce concept apparaît très tôt chez l'enfant, qui est habitué à téter le sein d'autres femmes que sa mère, mais appartenant à la même moitié de village, et qui pleure si on lui donne le sein d'une femme appartenant à l'autre moitié.

Dans le cas contraire, lorsqu'un concept est verbalisé, il peut rester une part d'ambiguïté s'il est lié à des représentations pouvant prendre plusieurs formes différentes. Bernard Lortat-

Jacob en donne un exemple emblématique concernant la musique, à propos de la *quintina*, cette voix fusionnelle apparaissant dans le spectre harmonique des quatre voix chantées par un chœur sarde. L'existence d'une représentation mentale associée à cette voix ne fait aucun doute, puisqu'il existe un terme pour la désigner. Mais il reste à savoir à quelle hauteur du spectre harmonique les Sardes se la représentent mentalement. L'analyse acoustique du phénomène conduit à hésiter entre deux zones, celle se situant à la double ou triple octave de la basse (par exemple, *sol* à environ 400 ou 800 Hz si la basse chante un *sol* à environ 100 Hz[15]), ou celle se situant à la quinte trois fois redoublée (*ré* à environ 1 200 Hz dans la même situation). Il se trouve qu'on peut lever l'ambiguïté dans ce cas particulier, car les chanteurs sardes *sifflent* la hauteur qu'ils se représentent, et qui s'avère être la double ou triple octave de la basse :

> « Or, même si [le] *ré* est bien présent dans le spectre harmonique et qu'une oreille attentive peut le percevoir, il semble qu'il ne soit pas prépondérant. Pour la majorité des auditeurs, comme pour les confrères eux-mêmes, qui peuvent la chanter, et, plus commodément la siffler, la *quintina* semble plutôt reproduire la fondamentale de l'accord et se trouver à sa double (ou triple) octave, soit *sol* dans l'aigu[16]. »

Ce cas résume bien notre problématique, en éclairant certaines limites de l'analyse objective. On verra au chapitre 5 une situation musicale dans laquelle on est conduit également à deux interprétations logiquement équivalentes, mais sans qu'il soit possible de décider si l'une d'elles correspond aux représentations mentales des musiciens autochtones.

Mentionnons pour finir une sorte d'expérience de « vérification sur le terrain » que nous avons menée à propos de la *quintina* des chanteurs sardes. Il existe un logiciel développé à l'Ircam qui permet d'isoler les partiels d'un spectre acoustique. Grâce à lui, nous avons traité un enregistrement de polyphonie vocale de Sardaigne réalisé par Bernard Lortat-Jacob, en isolant la *quintina* à la hauteur où elle est censée être représentée mentalement dans l'esprit des chanteurs. Puis, au cours d'un repas pris avec eux à Castelsardo en Sardaigne, nous leur avons fait entendre le résultat sur un ordinateur portable. Cette scène conviviale a permis aux chanteurs de faire toutes sortes de commentaires, en mêlant les registres scientifique et amical, pour donner leur avis sur l'expérience insolite que nous leur proposions, chacun d'eux se penchant sur l'ordinateur pour mieux entendre cette voix surnaturelle de la *quintina* que nous avions matérialisée, en quelque sorte, à partir de l'enregistrement de leur chant. Cet exemple montre comment l'enquête de terrain peut s'articuler avec la modélisation. Le phénomène étudié ici fait apparaître une voix fusionnelle dont la théorie acoustique permet de modéliser la hauteur supposée, et que la technologie informatique fait entendre de façon isolée. La confrontation sur le terrain avec les chanteurs concernés, qui écoutent cette « voix » reconstituée et la commentent, permet de vérifier l'adéquation du modèle avec les représentations mentales autochtones.

CHAPITRE 2

Arts visuels

L'idée que les sociétés sans écriture font preuve de véritables préoccupations mathématiques est aujourd'hui plus largement partagée[1]. En histoire des mathématiques, elle a donné naissance depuis quelques années à un courant de recherches appelé *ethnomathématique*[2]. Ces recherches s'efforcent de compiler des données ethnographiques qui témoignent d'une activité proprement mathématique, c'est-à-dire d'idées mathématiques dont l'élaboration est poussée au-delà de ce que requièrent la vie quotidienne et le bon sens.

Que l'on puisse trouver dans les productions des civilisations non occidentales, notamment dans leurs productions artistiques, la mise en œuvre de certaines idées mathématiques, est attesté depuis longtemps déjà dans les arts visuels, en l'occurrence les symétries des figures ornementales. Bien avant que le terme « ethnomathématique » ne commence à être utilisé, les analyses de Pòlya[3] et Speiser[4] au début du XXe siècle, reprises par Weyl[5], montraient que la symétrie ornementale avait fait l'objet dans différentes civilisations d'explorations systématiques.

En ce qui concerne les arts visuels, une autre pratique manifeste dans plusieurs régions du monde consiste à tracer des figures sur le sable au moyen d'une ligne continue. Nous consacrerons une large place dans ce chapitre à ces dessins tant du point de vue ethnographique que mathématique. Ils sont souvent complexes, leurs propriétés relevant de la théorie des graphes. On peut les observer en Océanie dans les îles Vanuatu et sur le continent africain chez les Tchokwe d'Angola : ces deux traditions ont fait l'objet d'études ethnomathématiques, comme on le verra.

CLASSIFICATION
DES SYMÉTRIES ORNEMENTALES

Historiquement, la classification de tous les types possibles de symétrie dans l'espace a été établie au XIXe siècle par Arthur Schönflies (1853-1928) et Evgraf Fédorov (1853-1919). Elle était motivée par les progrès de la cristallographie. Dès les années 1830-1840, l'observation des formes régulières de la matière cristalline avait conduit à l'étude de certaines transformations géométriques. L'apparition du concept mathématique de groupe vers le milieu du XIXe siècle – notamment grâce aux travaux précurseurs d'Évariste Galois (1811-1832), qui a introduit l'usage de ce terme – a permis d'étudier les différentes manières de combiner ces transformations entre elles et de faire l'énumération de tous les types de symétries possibles. Un demi-siècle plus tard, les techniques de diffraction des rayons X apportaient la confirmation que les arrangements atomiques dans les cristaux à l'échelle de l'atome appartiennent bien à ces différents types.

On dit qu'une figure est *symétrique* quand elle reste identique à elle-même lorsqu'on lui applique une transformation. Par exemple, le visage humain est considéré comme symétrique par rapport à l'axe vertical qui suit l'arête du nez et passe entre les deux yeux. Cela signifie concrètement que si l'on imprime un visage sur une feuille de papier transparent et si l'on regarde l'image côté *verso* après avoir fait tourner la feuille de droite à gauche, on voit apparaître le même visage. Mathématiquement, la symétrie d'un motif u s'exprime donc par le fait qu'il existe une transformation T laissant u invariant, c'est-à-dire telle que $T(u) = u$. Cette définition montre que l'ensemble des transformations laissant u invariant est stable par composition, car $G(u) = T(u) = u$ implique $G(T(u)) = u$, et forme donc un groupe au sens algébrique, ce qui ramène l'étude des symétries à un problème de classification de groupes. Dans l'espace, la classification montre qu'il existe *deux cent trente groupes* de symétrie différents. Si l'on se restreint au plan, on obtient *dix-sept groupes* dits « de pavage », qui ont été énumérés pour la première fois en 1924 dans une note du mathématicien d'origine hongroise George Pòlya (1887-1985)[6].

Si la théorie des groupes de symétrie date du XIXe siècle, l'exploration des différents types de symétrie a commencé bien avant, dans les productions artistiques des civilisations non occidentales, notamment dans leurs figures ornementales. L'utilisation des dix-sept types de symétries planes est déjà manifeste dans les décorations de l'architecture arabe (mosaïque, carrelage)[7]. Il est généralement admis que la variété des symétries obtenues par les artistes arabes n'est pas le fruit du hasard. On serait plutôt tenté de penser qu'ils ont consciemment essayé différents types, cherchant à obtenir la diversité la plus grande, pour finalement épuiser tous les types possibles.

Dans le cas où les translations du groupe n'opèrent que dans une seule direction, alors il n'y a que *sept groupes* de symétries appelés « groupes de frise ». Outre les translations t selon un axe donné, que l'on suppose horizontal, ceux-ci font intervenir les transformations suivantes :

(a) l'unique symétrie par rapport à l'axe horizontal s,

(b) les *symétries glissantes* par rapport à l'axe horizontal sg (symétrie par rapport à l'axe horizontal suivie d'une translation),

(c) les symétries par rapport à des axes verticaux s',

(d) les *symétries centrales* p (rotations de 180°).

La manière dont ces différentes transformations géométriques se combinent entre elles pour former une structure algébrique de groupe conduit aux sept types de frises schématisés dans le tableau suivant (figure 2.1), où l'on a indiqué les transformations génératrices du groupe.

Parmi les sept groupes de frise, le premier est engendré par une translation t. Cela signifie qu'en déplaçant une copie de la frise le long de l'axe horizontal, celle-ci coïncide avec l'original

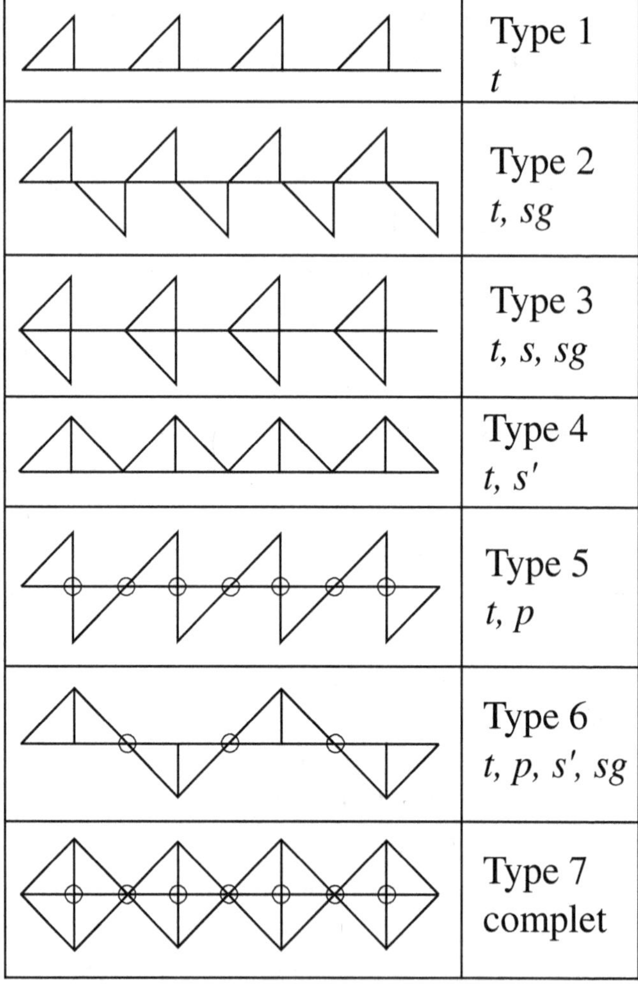

Figure 2.1 – Tableau des sept groupes de frise.

chaque fois que le déplacement est égal à la longueur de la translation ou à ses multiples entiers.

Le cinquième groupe de frise est engendré par une translation t et une rotation p (symétrie centrale). On montre alors qu'il contient une infinité de symétries centrales, dont les centres sont équidistants (et représentés par des petits cercles dans le tableau de la figure 2.1). Plus précisément, il existe une relation liant la longueur de la translation, c'est-à-dire le déplacement horizontal qu'il faut imposer au motif pour qu'il se recouvre lui-même, et la distance qui sépare deux centres de rotation consécutifs : cette longueur est égale au double de la distance entre les centres. Cela signifie qu'en déplaçant le motif le long de l'axe horizontal, on voit passer deux centres de symétrie de celui-ci avant qu'il ne coïncide de nouveau avec lui-même.

Il faut prendre garde à ne pas confondre la symétrie centrale p avec la symétrie glissante sg. La seconde est une symétrie par rapport à l'axe horizontal combinée à une translation, alors que la première est une rotation de 180° qui fait basculer la partie gauche de la frise vers la droite et réciproquement. Il en résulte que les deuxième et cinquième groupes du tableau ci-dessus (figure 2.1) correspondent à deux formes de symétries *distinctes*. Les autres groupes de frise dérivent des précédents (premier, deuxième et cinquième) par ajout de symétries en miroir selon des axes horizontaux ou verticaux.

Comme pour les symétries planes, les symétries de frises ont été explorées de façon systématique depuis longtemps, il semble même depuis des temps très anciens. Dans son beau livre consacré à la géométrie dans la préhistoire, Olivier Keller montre que les sept groupes de frise sont attestés dès le Paléolithique supérieur[8]. L'exemple suivant est une frise d'animaux qui se déduisent les uns des autres par translation, et qui ne comporte pas d'autres symétries. Son groupe est donc du premier type. Cet exemple est relativement récent, car il date du Magdalénien (– 12 000 à – 20 000 ans).

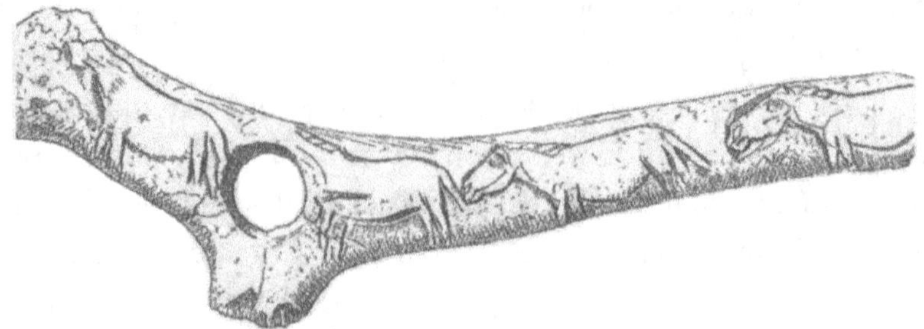

Figure 2.2 – Bois de cervidé, Laugerie-basse, Périgord, d'après Cartailhac, 1889 (© Pôle international de la préhistoire).

Mais l'analyse d'Olivier Keller révèle un phénomène beaucoup plus surprenant. Les frises les plus riches en symétries sont *les plus anciennes*. On en trouve des exemples dès l'Aurignacien (– 28 000 à – 35 000 ans), sous forme de motifs géométriques : rayures parallèles verticales, horizontales ou obliques, chevrons horizontaux ou verticaux, zigzags. Le type le plus simple de symétrie (premier type) n'est obtenu que tardivement, avec l'apparition de frises figuratives représentant des animaux. Tout se passe comme si le processus d'étude de la symétrie avait été un long travail d'analyse et de déploiement de ses éléments constitutifs, à partir de sa forme la plus complète, qui les contient tous (septième type), en isolant progressivement ses composantes[9].

L'ART DE L'ÉPHÉMÈRE

L'ancien musée des Arts africains et océaniens de la Porte dorée, à Paris, a consacré à la fin de l'année 1997 une magnifique exposition aux arts des îles Vanuatu du Pacifique. Pour des raisons matérielles évidentes, liées à leur caractère éphémère, les dessins sur le sable, très pratiqués au Vanuatu, n'étaient pas présentés. Mais le catalogue leur rendait justice en leur consacrant un article illustré de photos. Le regroupement d'une quantité importante d'œuvres du Vanuatu permettait d'apprécier pleinement l'invention graphique de ces artistes, et de comprendre certaines connexions qui apparaissaient entre les formes développées dans les dessins sur le sable et d'autres moyens d'expression graphique.

Aux îles Vanuatu, les dessins sur le sable avaient un rôle essentiel dans la vie sociale. Durant les années 1920, l'ethnologue Bernard Deacon a constitué une importante collection de dessins provenant de ces îles, en recopiant dans ses carnets certaines figures qu'il avait vu tracer sur le sable. Il a recueilli en outre de nombreuses informations sur leur signification et la manière de réaliser le tracé.

Du point de vue géographique, les dessins sur le sable sont pratiqués principalement dans la partie nord de l'archipel. La république du Vanuatu regroupe environ quatre-vingts îles du Pacifique Sud, situées à quelques centaines de kilomètres au nord-est de la Nouvelle-Calédonie. L'archipel est indépendant depuis 1980, après avoir été dénommé par le passé Nouvelles-Hébrides. Sa forme rappelle un « Y » un peu allongé. La tradition des dessins sur le sable est surtout présente dans les deux branches supérieures du « Y », dans l'île de Malakula, qui se trouve dans la branche gauche près de l'intersection, et l'île d'Ambrym qui se trouve dans la branche droite, ainsi que les îles Banks qui se trouvent tout au nord de l'archipel.

Ce dessin représente une tortue de mer (figure 2.3). C'est l'un des plus connus. Le musicien Tom Johnson a composé une pièce pour saxophone contrebasse en suivant le tracé de la tortue[10]. Elle a été créée au musée des Arts africains et océaniens en octobre 1997 à l'occasion d'une conférence-concert qu'il avait organisée dans le prolongement de l'exposition sur les arts du Vanuatu, et dans laquelle je présentais les dessins sur le sable en sa compagnie.

Cette tradition est toujours vivante, et contrairement à ce qu'on peut trop souvent déplorer à travers le monde, elle ne semble pas avoir souffert des contacts avec la civilisation occi-

*Figure 2.3 – Dessin sur le sable de la tortue au Vanuatu
(cliché Ange Bizet, tous droits réservés).*

dentale. Voilà une photographie montrant la réalisation d'un dessin sur le sable, exécuté par Jacques Gédéon, originaire de l'île de Paama, au sud d'Ambrym (figure 2.4). La technique consiste à aplanir une zone de sable, et à tracer le dessin avec l'index, tout simplement, en creusant un sillon sur la surface de sable. Avant d'effectuer le tracé proprement dit de la figure, on commence parfois par une armature constituée de lignes verticales et horizontales formant une sorte de grille. Elle sert de guide ou de canevas pour faciliter le tracé. Dans ce cas, on trace le dessin en « enroulant » en quelque sorte le sillon autour de l'armature. Les figures 2.5 à 2.7 permettent de voir clairement l'armature, et la manière dont elle sert de support au dessin final. En plus des formes arrondies de la partie supérieure, on y voit un quadrillage rectangulaire qui est recouvert lorsque la figure est complétée dans sa partie inférieure.

Figure 2.4 – Jacques Gédéon, de l'île de Paama, réalise un dessin sur le sable (cliché Ange Bizet, tous droits réservés).

Les thèmes de ces dessins peuvent être très divers. Il peut s'agir de simples messages, que l'on trace quand on rend visite à quelqu'un et trouve porte close. Pour lui faire savoir que quelqu'un est passé, on dessine quelque chose sur le sol qui veut dire « je suis venu te voir ». À son retour, la personne saura qu'on lui a rendu visite pendant son absence.

Certains dessins sont des représentations d'objets ou d'animaux. On a vu l'exemple de la tortue tout à l'heure, qui est un dessin assez complexe. Ces animaux ou ces objets pouvaient avoir ou non une fonction rituelle.

De nombreux dessins abordent des thèmes liés au monde du sacré. Le dessin de la figure 2.5 fait référence au monde des morts. Dans la mythologie du sud-ouest de l'île de Malakula, l'esprit d'un défunt cherche à gagner le pays des ancêtres, dont l'entrée est matérialisée symboliquement par un rocher dans la mer, et cette entrée du pays des morts est gardée par un esprit féminin. Celui-ci impose à l'esprit du mort une épreuve de

Figure 2.5 – *Un dessin vanuatu avec son armature rectangulaire
(cliché Jean-Pierre Cabane, © Éditions Grains de sable, Nouméa).*

passage, qui consiste à tracer un dessin sur le sable. Plus précisément, la gardienne trace sur le sol le dessin présenté plus haut, et l'épreuve consiste à le compléter. Si l'esprit du mort parvient à réaliser le dessin complet correctement, il peut gagner le territoire des morts, c'est-à-dire rejoindre ses ancêtres. S'il échoue, il est dévoré par la gardienne, et condamné à errer éternellement. C'est un mythe qu'on retrouve sous diverses formes dans la plupart des îles de la région, avec dans chaque cas un dessin sur le sable, ce qui montre l'importance que la société leur accordait.

La plupart du temps, les dessins sur le sable sont associés à des récits, comme celui du défunt qui doit gagner le pays des ancêtres. On peut imaginer que ce support visuel a une fonction de mémorisation. Le récit est gravé d'autant plus facilement dans la mémoire qu'il sera associé à un dessin sur le sable qu'on aura appris à tracer. Le plus souvent, on l'exécute pendant qu'on récite le mythe, qui apparaît comme un commentaire du

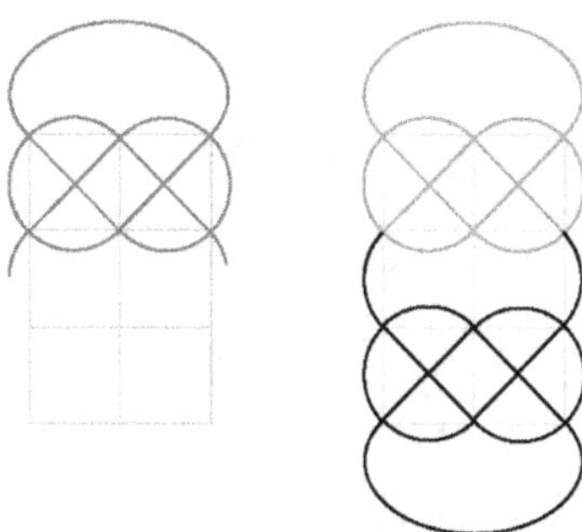

Figure 2.6 – Tracé proposé par la gardienne du monde des morts et dessin que le défunt doit réaliser pour réussir l'épreuve et retrouver ses ancêtres[11].

dessin. Jean-Pierre Cabane a transcrit le récit suivant à propos du dessin de la figure 2.6.

« Lorsqu'un homme mourait, son esprit qui suivait la route des morts parvenait à ce rocher. Pour le traverser et gagner son entrée dans le pays des morts, il devait être capable de compléter la partie effacée par la gardienne des lieux, un esprit féminin nommé Temes savsap, pour former un dessin complet, *nababarum nan lisapsap* (le corps de l'esprit dans son linceul). Entre les deux moitiés du dessin se trouve symboliquement représenté le *nahal*, le sentier qu'il fallait suivre pour atteindre l'au-delà. Si l'esprit du mort ne réussissait pas à compléter le dessin, il était mangé par la Temes savsap et ne pouvait plus jamais rejoindre ses ancêtres[12]. »

Les dessins précédents étaient d'un style homogène, composé d'enchevêtrements de courbes et de droites. Mais il existe plusieurs styles différents. Un autre style consiste en une courbe simple sans point d'intersection. L'un des exemples représente quatre roussettes mangeant un fruit de l'arbre à pain. Les roussettes sont de grandes chauves-souris qu'on trouve au Vanuatu, on en voit une représentation stylisée sur le dessin suivant (figure 2.8). Il existe plusieurs figures dans ce style, avec des courbes sans point d'intersection, parmi les dessins sur le sable, mais aussi dans d'autres ensembles d'objets décorés du Vanuatu.

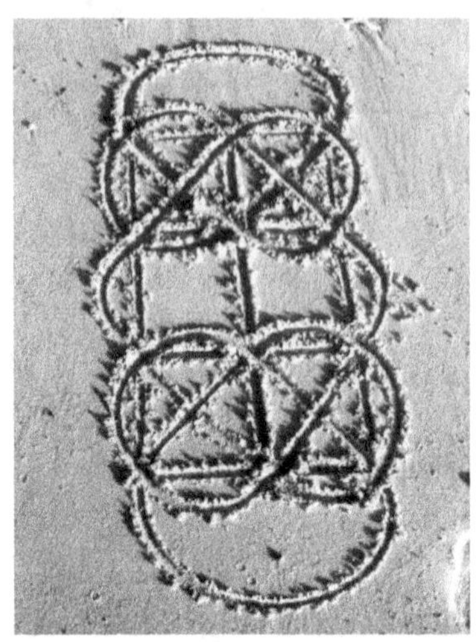

*Figure 2.7 – Le dessin complet que doit réaliser l'esprit du défunt
pour accéder au territoire des ancêtres
(cliché Jean-Pierre Cabane, © Éditions Grains de sable, Nouméa).*

L'exposition du musée des Arts africains et océaniens avait consacré une salle à des coiffures de l'île de Malakula. On pouvait voir comment elles étaient ornées de dessins qui ressemblaient à celui-ci, mais en plus compliqué, c'est-à-dire avec plus de méandres, tout en suivant le même principe d'une courbe simple qui s'enroule autour de quelques points comme ceux matérialisant ici les yeux des roussettes.

RÈGLE DE LA LIGNE CONTINUE

Notre connaissance des dessins sur le sable du Vanuatu doit considérablement au travail d'un anthropologue britannique, Bernard Deacon (1901-1927), figure majeure de l'anthropologie qui a connu un destin tragique. À l'âge de vingt-quatre ans, il part pour l'archipel du Vanuatu, les Nouvelles-Hébrides à l'époque, c'est son premier terrain. Il est prévu qu'il y séjourne en 1926 et 1927. Il a recueilli des données de toute première importance concernant les règles de mariage. Il s'est

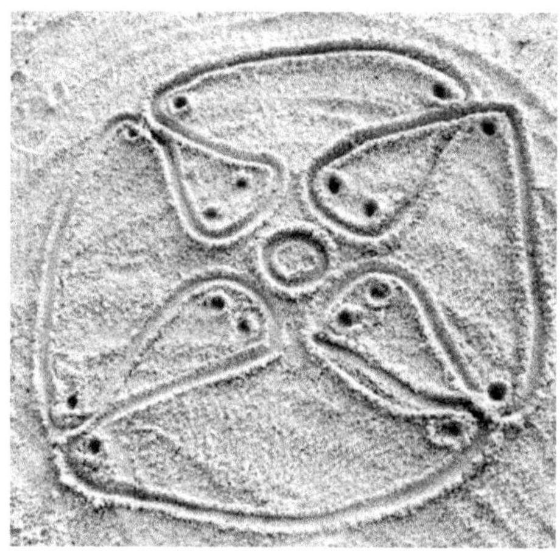

*Figure 2.8 – Quatre roussettes mangeant un fruit de l'arbre à pain
(cliché Jean-Pierre Cabane, © Éditions Grains de sable, Nouméa).*

également intéressé aux dessins sur le sable du Vanuatu, et il a noté dans ses carnets environ cent dessins, comme celui reproduit ici (figure 2.9).

Le point essentiel pour notre propos, c'est le fait que Bernard Deacon a eu l'idée géniale de noter non seulement les dessins, mais aussi le *processus* du tracé. On voit sur la figure représentant la tortue que les arcs sont numérotés. En suivant l'ordre des segments, on peut ainsi reconstituer la manière dont la figure a été dessinée. Malheureusement, Deacon est mort d'hématurie en mars 1927, alors qu'il attendait le bateau du retour. Mais son travail était connu par les lettres qu'il avait écrites de là-bas. Il était considéré comme suffisamment important pour qu'on récupère ses notes de terrain dans ses bagages, et quelques années plus tard, à partir de ses lettres et de ses documents, on a publié en 1934 un livre considéré comme un classique de l'anthropologie, ainsi qu'un article dans une revue spécialisée présentant l'ensemble des dessins qu'il avait recopiés[13].

On peut ainsi se rendre compte que le tracé de la tortue n'est pas effectué de proche en proche, mais par la superposition de plusieurs courbes. Il se décompose en une série de

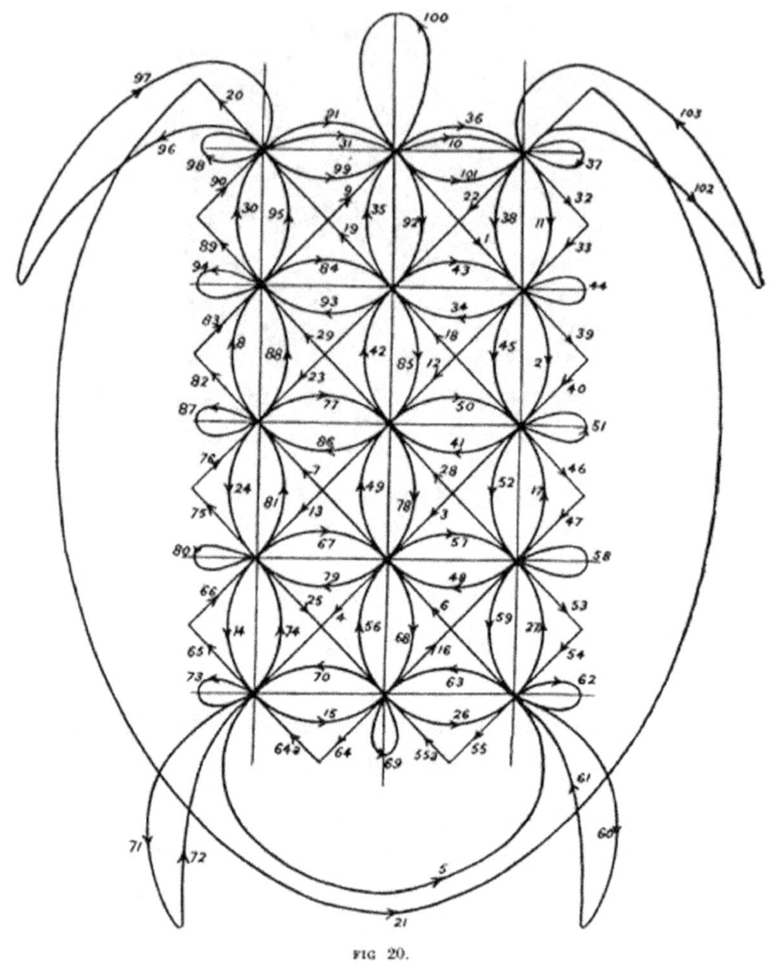

Figure 2.9 – Dessin de la tortue noté par Bernard Deacon.

sous-courbes qui parcourent l'ensemble de la figure, et qui
forment une sorte d'ossature du dessin (en fait la carapace de la
tortue), sur laquelle viennent ensuite se greffer de petits éléments ornementaux, qui sont tracés séparément et reliés les uns
aux autres pour produire le résultat final (figure 2.10).

Nous allons étudier plus en détail la manière dont sont
tracés les dessins sur le sable du Vanuatu. La chose primordiale
est le fait qu'ils doivent l'être au moyen d'une ligne continue,

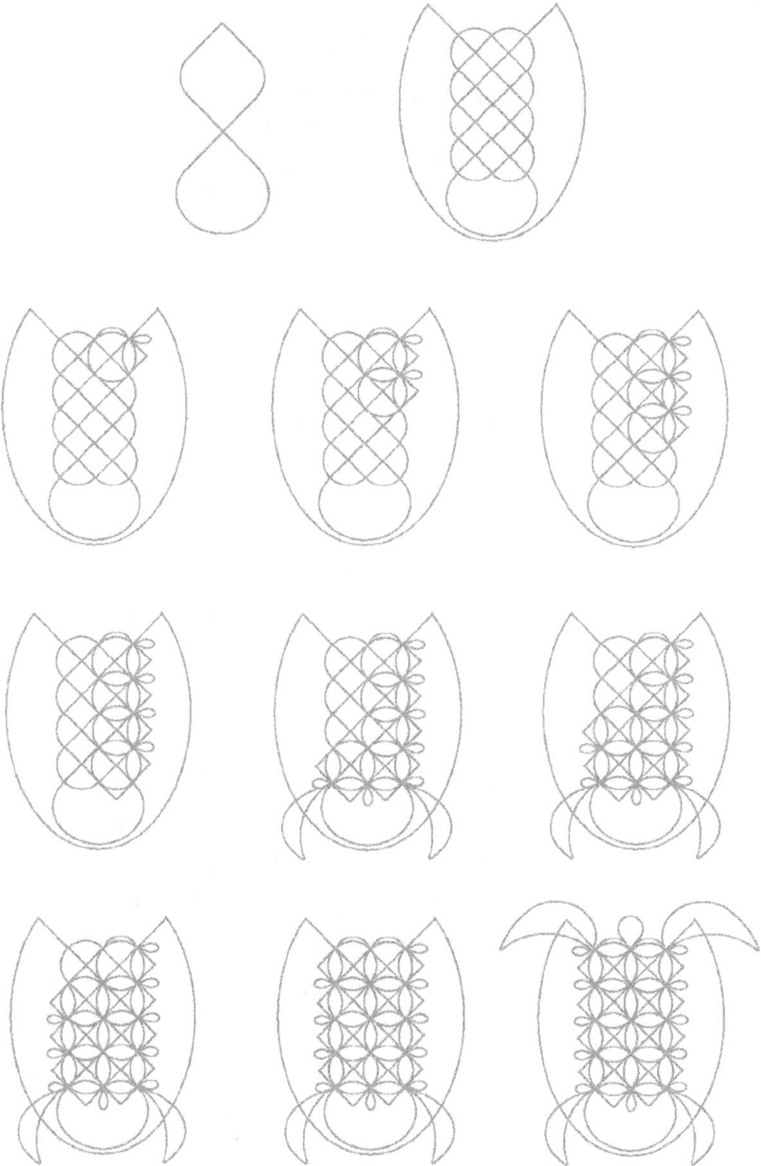

Figure 2.10 – *Reconstitution du tracé de la tortue*[14].

Figure 2.11 – Le fruit de l'arbre à pain mangé par le rat.

c'est-à-dire sans lever le doigt du sol, en revenant à son point de départ, et sans repasser par un arc qui a déjà été tracé. Cette règle est clairement expliquée dans les lettres de Deacon. De plus, certains éléments de la tradition vanuatu comportent des indications explicites qui confirment l'existence de cette règle. Par exemple, l'interdiction de repasser sur un arc déjà tracé est le sujet même d'un dessin, qu'on appelle « Le rat mangeant le fruit de l'arbre à pain ». On commence par dessiner le fruit complet, au moyen d'une ligne continue, sans lever le doigt et sans repasser sur un tronçon déjà tracé. Puis on repasse sur certains segments dans la partie inférieure du dessin. On efface ensuite légèrement la partie délimitée par ces segments (grisée dans la figure 2.11). On dit alors que le rat a « mangé » le fruit de l'arbre à pain[15], ce qui signifie que l'acte de repasser sur un segment déjà tracé est considéré comme une destruction analogue au fait de mordre une partie du fruit.

Cette propriété du tracé, énoncée à propos du « Fruit de l'arbre à pain », que nous appellerons la « règle de la ligne continue » – ne jamais lever le doigt et ne pas repasser sur un segment déjà tracé – est une représentation mathématique. En effet, ne pas lever le doigt confère au tracé une propriété correspondant à ce que les mathématiciens appellent un *graphe eulérien*. Cette représentation indigène est verbalisée sous une forme imagée, dans le fait que la transgression de la règle est prise en compte dans le commentaire du dessin lui-même : « Repasser sur un segment déjà tracé » est interprété comme l'action de « manger le fruit », c'est-à-dire une action destructrice associée à l'effacement des segments concernés. On est ici dans un cas simple où la représentation mathématique liée au dessin fait l'objet d'une verbalisation explicite.

L'analyse du tracé des dessins sur le sable respectant la règle de la ligne continue a constitué l'un des thèmes les plus stimulants dans le développement de l'ethnomathématique. Comme on l'a dit en commençant ce chapitre, ce nouveau champ de recherches est apparu chez les historiens et les pédagogues des mathématiques, où de plus en plus de gens s'intéressent aujourd'hui aux notions extra-occidentales qui ont un lien de parenté cognitif avec les mathématiques occidentales. À ce titre, les dessins sur le sable ont fait l'objet de deux études marquantes dans ce domaine, dont nous allons présenter quelques résultats dans la suite de ce chapitre. L'une est américaine, réalisée par Marcia Ascher, qui a publié une étude sur le sujet reprise dans son livre paru en français sous le titre *Mathématiques d'ailleurs*. L'autre est due à Paulus Gerdes, mathématicien du Mozambique, qui a travaillé sur les dessins sur le sable pratiqués en Angola, comme on le verra plus loin.

En théorie, la règle de la ligne continue s'applique à tous les dessins sur le sable du Vanuatu, excepté quelques cas de dessins ne pouvant, mathématiquement, être tracés avec une seule ligne continue. Cette hypothèse repose sur un argument que nous appellerons l'*argument probabiliste*, dont on trouve les éléments dans l'étude ethnomathématique que Marcia Ascher a consacrée aux dessins sur le sable[16]. Elle montre que sur environ 90 dessins étudiés, le nombre de ceux qui peuvent être tracés en respectant la règle de la ligne continue est approximativement de 75, soit un taux de 83 %. Ce taux est bien supérieur à ce qu'il serait si l'apparition de ces dessins n'était pas favorisée par certains facteurs. En effet, un tirage aléatoire parmi tous les dessins possibles ne produirait pas un taux aussi important. Il doit donc exister une cause particulière qui explique ce taux élevé. En fin de compte, cette cause traduit l'existence d'une intention. Un argument similaire est souvent utilisé dans les études ethnomathématiques. Lorsqu'une propriété formelle n'apparaît pas de façon accidentelle ou casuelle, on est conduit à supposer que des conditions psychologiques particulières favorisent son apparition. Cela revient à postuler l'existence de facteurs psychologiques dans les cas où une propriété est distribuée de façon déséquilibrée, c'est-à-dire que la concentration d'objets la vérifiant est anormalement élevée.

Il n'est pas facile de tracer un dessin en respectant la règle de la ligne continue : c'est un problème suffisamment intéressant pour qu'un mathématicien aussi illustre qu'Euler s'y soit consacré, comme on le verra. Les indigènes du Vanuatu sont pleinement conscients de ces difficultés, comme du fait que la recherche d'un tracé respectant la règle constitue un problème. C'est ce que montrait tout à l'heure le mythe racontant l'épreuve filtrant l'accès au territoire des ancêtres. Le sujet même du mythe reprenait à son compte la difficulté à tracer le dessin, puisque c'est en cela que consistait l'épreuve imposée à l'esprit du défunt.

Marcia Ascher s'est intéressée aux courbes du type de celle de la tortue, et elle a montré que dans la plupart des cas, le tracé respectait un certain nombre de règles additionnelles, en particulier de symétrie. Par exemple, le tracé de la tortue est une combinaison de sous-courbes, dont chacune a des propriétés de symétries. Le même phénomène peut être observé sur un certain nombre de dessins du même type, qui montrent que les tracés sont souvent systématiques, et fondés sur des procédures élémentaires qui se déduisent les unes des autres par symétrie ou rotation.

Figure 2.12 – Tracé systématique utilisant quatre rotations
(le tracé initial est en gras).

Le dessin de la figure 2.12 a été tracé par une ligne continue unique, obtenue au moyen d'un tracé élémentaire, qui est
indiqué ici par un trait plus épais, complété par quatre rotations d'un quart de tour. Il est vraisemblable que ces propriétés
de symétries ont pour fonction de simplifier les tracés, et de
faciliter leur mémorisation. Le recours à de tels procédés
semble indiquer que les dessins eulériens faisaient chez les
Vanuatu l'objet de recherches méthodiques.

Idée mathématique et démonstration : le théorème d'Euler

Les difficultés à tracer un dessin en respectant la règle de
la ligne continue, surtout dans le cas de figures ayant une forme
compliquée avec des enchevêtrements de lignes, ont donné
naissance, dans nos mathématiques occidentales, à un domaine
spécifique qu'on appelle la « théorie des graphes ». Les idées qui
ont conduit à cette théorie remontent à un petit problème
récréatif étudié par Euler (1707-1783).

Son origine dans la littérature scientifique est le problème
bien connu des ponts de Königsberg : comment définir un itinéraire de promenade qui passe une fois et une seule par chacun

des sept ponts de Königsberg ? Ces ponts sont placés sur la rivière Pregel, qui entoure deux îles. L'île de Kneiphof est reliée à chaque rive par deux ponts. Un cinquième l'unit à une presqu'île elle-même connectée à chaque rive.

Transposons le problème plus près de nous, au cœur de Paris, en considérant les deux îles de la Cité d'une part et Saint-Louis d'autre part. On prend en considération pour les besoins du problème quatre ponts parmi ceux reliant l'île de la Cité aux berges, deux vers le nord (Pont au Change, Pont Notre-Dame), et deux vers le sud (Pont Saint-Michel, Petit Pont) – oubliant de ce fait qu'il existe d'autres ponts permettant de se rendre de l'île aux berges, ce que le lecteur aura corrigé de lui-même. On considère également deux ponts parmi ceux reliant l'île Saint-Louis aux berges (Pont Marie au nord, Pont de la Tournelle au sud). Enfin, il existe un unique pont permettant de passer d'une île à l'autre (Pont Saint-Louis).

Euler s'est penché sur la question dans un article de 1736. Il y donne une condition nécessaire et suffisante permettant de déterminer si, oui ou non, la promenade est possible. Son résultat s'énonce ainsi : *un graphe connexe admet un cycle eulérien (passant une fois et une seule par chaque arête) si et seulement si tous ses sommets ont un nombre pair d'arêtes.* Nous analyserons plus loin la démonstration de ce théorème, car elle constitue un cas intéressant pour illustrer la différence entre mathématiques écrites et ce que peuvent être des mathématiques « de tradition orale ». Pour revenir au problème de la promenade entre les ponts énumérés ci-dessus, l'île de la Cité est un sommet à cinq arêtes, les berges et l'île Saint-Louis sont des sommets à trois arêtes. Il n'y a donc pas d'itinéraire possible. En s'intéressant au problème des ponts de Königsberg, Euler a posé l'une des premières pierres de la théorie des graphes qui est devenue un important domaine de recherches mathématiques.

Le théorème d'Euler permet également d'obtenir un tracé respectant la règle de la ligne continue lorsqu'il existe des som-

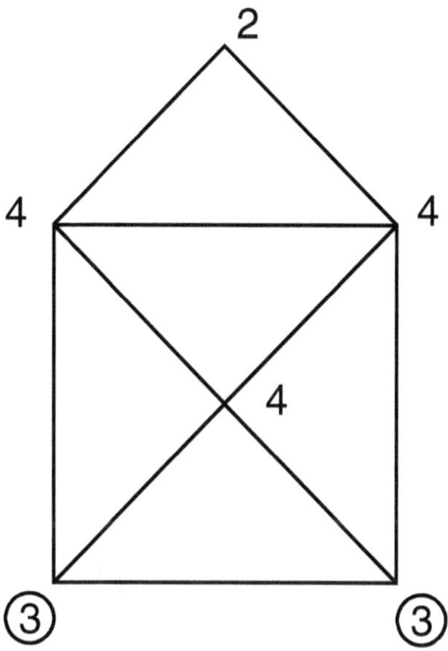

Figure 2.13 – *Le jeu de l'enveloppe. Pour réaliser le tracé, il faut commencer et finir avec un sommet ayant un nombre impair d'arêtes (ici trois arêtes)*[17].

mets avec un nombre impair d'arêtes, dans certains cas seulement. On doit alors commencer et finir par les points ayant un nombre impair de branches, et le tracé n'est possible que si le graphe comporte exactement deux points de cette sorte. Cette solution permet de résoudre le célèbre jeu de potache consistant à tracer une figure ayant la forme d'une enveloppe, en respectant la règle de la ligne continue. Comment tracer la forme qui est représentée figure 2.13, en passant une fois et une seule par chacun des segments ? Et comment savoir si un tel tracé est possible ? Si vous avez joué à ce jeu quand vous étiez à l'école, vous savez sans doute que le tracé est effectivement possible, mais pas n'importe comment. Il existe un certain nombre de contraintes, qu'il faut respecter pour pouvoir tracer le dessin. Pour chacun des points d'intersection, il faut compter le nombre d'arcs qui arrivent à ce point. Les résultats de ce calcul sont indiqués sur la figure 2.13.

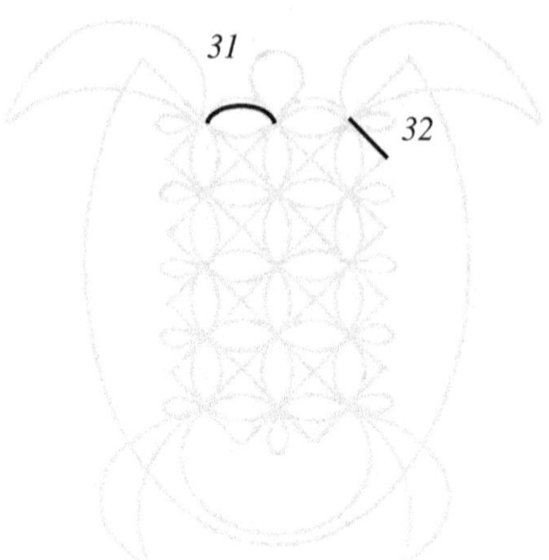

*Figure 2.14 – Une anomalie dans le tracé de la tortue
(discontinuité entre les segments 31 et 32).*

On a des sommets avec trois, quatre, ou deux arcs. Ce qu'Euler avait découvert, c'est que le tracé est possible si le nombre de sommets impairs est égal soit à zéro (c'est-à-dire qu'on n'a pas de sommets impairs), soit à deux (c'est-à-dire qu'on a deux sommets impairs). Et Euler ajoute que dans le second cas, le tracé n'est possible qu'à condition de partir de l'un de ces sommets, et de terminer sur l'autre. Combien a-t-on de sommets impairs dans le cas de l'enveloppe ? La réponse est deux. Le tracé est donc possible, mais avec cette restriction qu'on doit partir obligatoirement de l'un de ces sommets, pour arriver à l'autre. Il y a plusieurs tracés respectant cette condition, qui sont autant de solutions au problème.

Le lecteur attentif aura remarqué que le tracé de la tortue que nous avons présenté plus haut contenait une anomalie. Elle se produit à la fin de la deuxième étape dans la décomposition du tracé figure 2.10 : on termine la forme générale de la carapace en revenant au point de départ situé en haut au milieu (segment 31 dans la numérotation de Deacon, voir figure 2.14), puis on commence le dessin des ornements en « sautant » au point situé en haut à droite (segment numéroté 32), ce qui introduit une discontinuité. Cette « erreur » du dessinateur vanuatu est d'autant plus surprenante... que le dessin est bien eulérien ! Il est facile de s'en convaincre en regardant l'image figure 2.14, où l'on voit que tous les sommets ont bien un nombre pair d'arêtes (par exemple, les deux sommets de part et d'autre du saut ont douze arêtes chacun). Pourquoi les artistes vanuatu, qui sont par ailleurs très attentifs au respect de cette règle de la ligne continue, ont introduit dans ce tracé une discontinuité ? Il doit pourtant exister *nécessairement* une manière de dessiner cette figure en respectant la règle, car cela est une conséquence imposée par le théorème d'Euler. Nous laissons au lecteur le soin de la découvrir...

Si on analyse le théorème d'Euler, on constate qu'il est constitué de deux éléments. Au départ, il y a une « idée mathématique ». Pourquoi Euler parle-t-il des sommets avec un nombre pair d'arêtes ? Parce que si l'on arrive à un tel sommet, il faut pouvoir en repartir. Il faut donc pouvoir grouper les arêtes qui arrivent à chaque sommet par deux, une pour y arriver, l'autre pour le quitter. Et si on peut les grouper par deux, cela veut dire que leur nombre est nécessairement pair. Ce constat s'applique à chacun des sommets, sauf éventuellement celui qu'on emprunte au départ (car on ne vient de nulle part) et celui par lequel on termine (car on ne repart plus). L'idée est finalement assez simple.

Ce qui est plus compliqué, c'est de transformer cette idée en « théorème » sous la forme d'une condition nécessaire et suffisante pour qu'un chemin avec une ligne continue puisse être trouvé. Le raisonnement ci-dessus constitue la condition nécessaire du théorème : *si un chemin avec une ligne continue peut être trouvé, alors il est nécessaire que les sommets aient tous un nombre pair d'arêtes sauf deux.*

La condition suffisante garantit en retour l'existence d'un tel chemin : si tous les sommets ont un nombre pair d'arêtes sauf deux, alors un chemin avec une ligne continue peut être trouvé en commençant et en finissant par les sommets impairs. Mais elle mobilise un outillage mathématique plus complexe[18]. Le principe de la démonstration est une récurrence sur le nombre de sommets du graphe. On montre que si un chemin avec une ligne continue peut être trouvé pour tout graphe ayant au plus n sommets respectant la condition, alors cela est vrai aussi pour un graphe ayant $n + 1$ sommets. Cette démonstration repose sur les axiomes de l'ensemble des entiers naturels. Elle consiste à dire que si ces axiomes sont vérifiés par l'ensemble des valeurs de n (où n est le nombre de sommets du graphe) pour lesquelles le théorème est vrai, alors cet ensemble est égal à celui de tous les entiers naturels, ce qui prouve que le théorème est vrai pour un graphe ayant un nombre quelconque de sommets.

La démonstration de la condition suffisante n'est pas imaginable en dehors du contexte des mathématiques occidentales et de l'écriture. Par contre, l'idée mathématique de base, cette idée que les sommets doivent avoir un nombre pair d'arêtes, qui donne la condition nécessaire du théorème, ne doit rien à l'usage de l'écriture, et il n'est pas exclu de la rencontrer, elle ou des idées semblables, dans des sociétés de tradition orale. Au stade actuel des connaissances, rien n'indique que les artistes aient eu une telle idée. Mais rien ne s'y oppose *a priori,* seules de nouvelles enquêtes de terrain permettraient de le vérifier. C'est ce genre d'idées qui constituent les mathématiques que nous appelons « naturelles ».

LE MONDE DES ESPRITS

Les difficultés liées au tracé ne sont pas les mêmes que celles qui interviennent dans la conception de ces dessins. De la même façon, dans le cas d'une activité manuelle comme la dentelle, par exemple, réaliser un motif connu requiert des capacités cognitives différentes de celles qui sont nécessaires pour concevoir de nouveaux motifs. Le geste qui exécute un motif n'est pas celui qui en crée un nouveau. Dans le cas des dessins sur le sable, il faut distinguer la règle de la ligne continue, qui est une contrainte imposée aux dessinateurs traçant un dessin déjà connu, et les méthodes de tracé suivies par les créateurs de dessins pour imaginer de nouvelles formes respectant cette contrainte.

Les dessins sur le sable, très stylisés, ont souvent un caractère figuratif, évoquant un végétal ou un animal, comme on l'a vu avec l'exemple de la célèbre tortue vanuatu. Mais leur forme tend en général vers l'abstraction. Il existe un ensemble de dessins constitués de courbes abstraites qui sont plus simples que les tracés du type de la tortue, avec moins d'enchevêtrement de lignes et plus de régularité apparente. Nous allons les analyser plus en détail, afin d'entrer un peu plus profondément dans les problèmes mathématiques qui se sont posés aux artistes vanuatu.

Il est intéressant, pour introduire cette famille de dessins particuliers, de faire un détour par un autre type d'expression graphique, la peinture. Les arts du Vanuatu comportent d'extraordinaires peintures sur bois et des statues, dont la fonction est d'orner la « maison des hommes ». On pouvait découvrir dans l'exposition du musée des Arts africains et océaniens de magnifiques grandes sculptures en fougère arborescente. Dans le catalogue de l'exposition, une photo qui a été prise dans les années 1910 par Felix Speiser aux îles Banks, montre comment les sculptures et les peintures de ce type étaient agencées pour décorer la façade de cette maison des hommes[19]. Rappelons que la maison des hommes est le lieu rituel dans lequel ceux-ci se réunissaient, pour prendre les décisions importantes selon la coutume. C'est également le lieu d'initiation des jeunes garçons.

La peinture reproduite en quatrième de couverture de ce livre est une silhouette humaine accroupie conservée au musée de Bâle. Il s'agit d'un thème un peu particulier dans l'iconographie du Vanuatu. Cette figure très stylisée présente de grandes similitudes avec une forme que l'on retrouve dans les dessins sur le sable.

Figure 2.15 – Le tamate *s'est brisé en tombant*
(cliché Jean-Pierre Cabane, © Éditions Grains de sable, Nouméa).

Ce dessin sur le sable (figure 2.15) provient de l'île d'Ambae, et son titre est « Le *tamate* s'est brisé en tombant ». La forme utilise le même type de courbes pour représenter les bras et les jambes. Le *tamate*, c'est l'esprit des morts. Nous avons parlé de l'épreuve que devait traverser l'esprit du mort pour parvenir au territoire des ancêtres. Cet esprit du mort, appelé *tamate*, est représenté avec la même stylisation de la silhouette humaine. Mais on a fait, en quelque sorte, un pas de plus dans l'abstraction par rapport à la peinture précédente. Cette forme épurée, presque géométrique, peut donner lieu à de nombreuses combinaisons.

La même forme peut être en quelque sorte démultipliée pour constituer un nouveau dessin. Il existe toute une famille de dessins sur le sable de ce type, avec cette forme en croisillons constituée de lignes droites qui se croisent et qui sont dupliquées. Dans cet exemple, la figure comporte quatre colonnes et quatre lignes. Parmi les dessins de Deacon, on trouve une figure du même type, mais avec des dimensions différentes, comportant quatre lignes et cinq colonnes. Or nous allons voir que dans les figures de ce type, les nombres de lignes et de colonnes

Figure 2.16 – Le tamate *qui cueille les fruits du gaviga*
(cliché Jean-Pierre Cabane, © Éditions Grains de sable, Nouméa).

jouent un rôle déterminant concernant la traçabilité du dessin avec une ligne continue.

Il faut préciser que pour cette famille de dessins, le tracé suit une contrainte que nous appellerons *monolinéarité*, plus stricte que la règle de la ligne continue. Non seulement un segment déjà tracé ne doit pas être réutilisé, mais la mono-linéarité impose une restriction supplémentaire qui empêche les lignes de se toucher sans croisement. Par exemple dans le dessin ci-dessus, à chaque croisement où la ligne suivie par le tracé se prolonge de façon rectiligne, il faut suivre son prolongement sans bifurquer.

Dans le dessin à quatre lignes et quatre colonnes, le tracé respectant cette contrainte de monolinéarité recouvre intégra-lement la figure. Il est donc monolinéaire (figure 2.17). Mais dans cette famille de dessins, on peut trouver, selon les dimen-sions de la figure, des cas où il ne l'est pas. Voilà un autre des-sin du même type, mais avec trois lignes et trois colonnes, qui n'est pas monolinéaire (figure 2.18). Lorsqu'on essaie de le tracer en partant du sommet en haut à gauche, on descend vers la droite. Au premier croisement rencontré, la monolinéarité

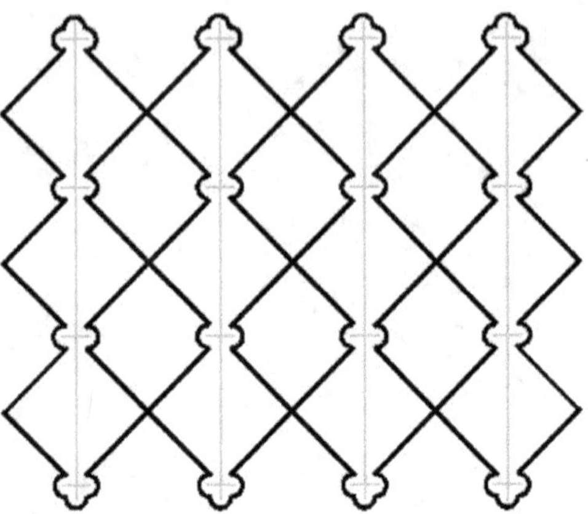

Figure 2.17 – Dessin en croisillons avec quatre lignes et quatre colonnes[20].

*Figure 2.18 – Dessin en croisillons à trois lignes et trois colonnes,
non monolinéaire[21].*

impose de continuer en ligne droite, sans tourner ni à droite (en descendant), ni à gauche (en remontant). De cette manière, le tracé revient au point de départ avant de recouvrir la figure. Notons qu'avec la règle plus souple de la ligne continue, le tracé de l'intégralité du dessin aurait été possible.

En changeant simplement la dimension du dessin, comme on l'a fait en passant de quatre à trois lignes, il est possible de lui faire perdre sa monolinéarité. Dans ce cas, la loi qui explique le phénomène est simple : il suffit que le nombre de lignes soit pair. S'il est impair, le dessin n'est pas monolinéaire. Dans le cas précédent, comme d'ailleurs dans l'exemple de Deacon, le dessin avait quatre lignes, et de ce fait, tous deux étaient monolinéaires.

Du Vanuatu à l'Angola

L'exemple précédent est assez simple. D'autres familles de dessins posent des problèmes plus complexes. Nous allons quitter le Vanuatu pour partir en direction de l'Angola, où il existe également une riche tradition de dessins sur le sable chez les Tchokwe, qui résident aux confins de l'Angola, de la république démocratique du Congo et du Mozambique. L'intérêt de ce détour est que la tradition angolaise de dessins sur le sable a fait l'objet d'études approfondies de la part du mathématicien mozambicain Paulus Gerdes, qui a consacré à ce sujet une somme en trois volumes parue en français sous le titre *Une tradition géométrique en Afrique. Les dessins sur le sable.*

Les dessins angolais ont la propriété caractéristique appelée *monolinéarité*, que nous avons vue plus haut, et qui est plus restrictive que la règle de la ligne continue[22]. Cette tradition présente, comme au Vanuatu, des familles de dessins aux formes abstraites. L'une d'elles comporte des figures en forme de quadrillage complétées par un arc qui relie deux parties du dessin. Celui qui est reproduit ici est fondé sur un réseau de points de neuf lignes et sept colonnes (figure 2.19). Si l'on essaie de le tracer par une ligne continue, on constate que le tracé se referme avant d'avoir pu achever la figure. Il n'est pas monolinéaire. Comme précédemment pour les dessins vanuatu, le fait d'être monolinéaire dépend du nombre de lignes et de colonnes de l'armature du dessin. Ce dessin n'est pas attesté chez les Tchokwe, mais on en trouve avec des valeurs différentes du nombre de lignes et du nombre de colonnes, qui permettent d'obtenir des dessins monolinéaires.

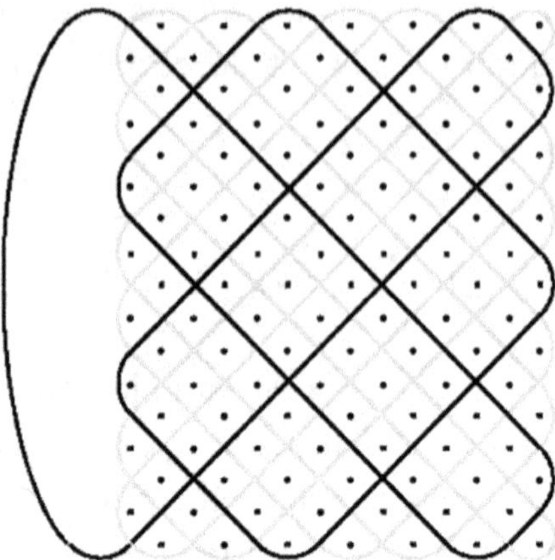

Figure 2.19 – Dessin en forme de quadrillage non monolinéaire[23].

Est-il possible de modifier légèrement ce dessin pour le rendre monolinéaire avec les mêmes nombres de lignes et de colonnes ? Pour pallier la non-monolinéarité de certaines figures, les artistes angolais semblent avoir mis au point une construction géométrique qui permet de les transformer en dessins monolinéaires. La figure 2.20 montre une transformation qui consiste à choisir une colonne, puis à éliminer tous les croisements de cette colonne en les remplaçant par des arcs de cercle.

Dans la nouvelle figure, on peut effectuer le tracé par une ligne continue en recouvrant intégralement le dessin. Donc avec une transformation qui est somme toute assez minime, on a remplacé un dessin qui n'était pas monolinéaire, par un dessin ayant les mêmes dimensions mais qui, lui, est monolinéaire. Et de fait, on trouve effectivement ce dessin chez les Tchokwe d'Angola.

Cet exemple nous donne l'occasion de revenir au Vanuatu, car parmi les dessins de Deacon, on trouve la figure suivante (figure 2.21).

On retrouve les armatures utilisées au Vanuatu, sous forme de droites horizontales ou verticales, qui remplacent les réseaux de points utilisés en Angola. Les dimensions sont différentes

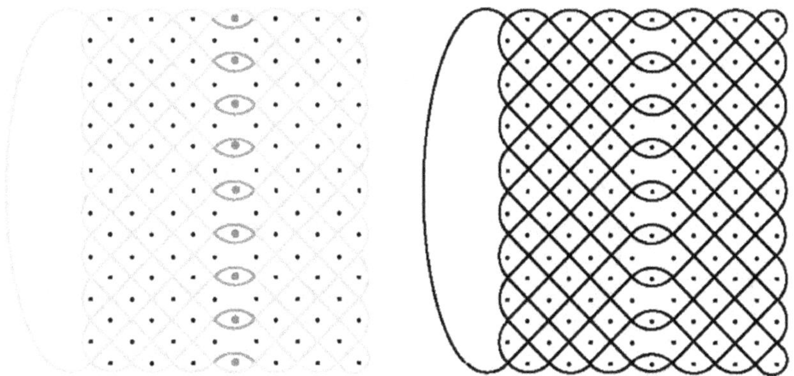

Figure 2.20 – Transformation d'un dessin pour le rendre monolinéaire (Angola)[24].

également, le dessin relevé par Deacon étant constitué de cinq lignes et huit colonnes. De plus, chez les Vanuatu, le dessin a une signification donnée par son titre « L'oiseau dans son nid », il représente un oiseau en train de couver ses œufs. Il est à la fois amusant et remarquable que les formes ovales, qui constituent la substance même de l'algorithme, soient interprétées dans le commentaire du dessin comme étant les œufs de l'oiseau. Notons également de petits ornements qui sont ajoutés sur la partie droite du dessin, en forme de pointes représentant les plumes de la queue de l'oiseau, comme l'a mentionné Deacon. L'arc d'ellipse à gauche figure donc la tête de l'animal.

Paulus Gerdes présente cette transformation comme un véritable « algorithme », c'est-à-dire une opération s'appliquant à n'importe quel dessin de cette famille[25]. Mais on ne sait pas exactement dans quelle mesure cette transformation est intégrée à un savoir explicite et organisé. Il ne fait pourtant aucun doute que dans une tradition comme celle-ci, la recherche de tracés vérifiant certaines propriétés topologiques est une activité consciente de l'esprit.

Cet exemple soulève de nombreuses questions mathématiques. Existe-t-il une relation simple entre le nombre de lignes

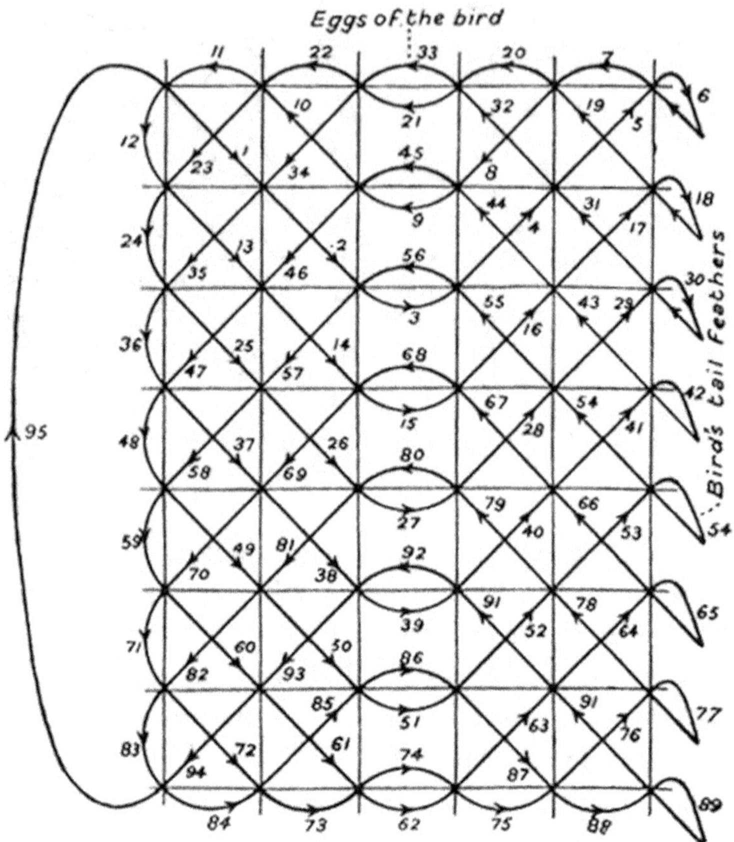

Figure 2.21 – Dessin « L'oiseau dans son nid » du Vanuatu noté par Deacon.

comme de colonnes et le nombre de courbes nécessaires pour tracer la figure ? Dans l'exemple étudié, le dessin d'origine est bilinéaire, c'est-à-dire qu'il faut deux courbes pour le tracer. Elles se croisent dans la quatrième colonne, où a été appliquée la tranformation qui élimine les points de croisement, et qui rend le dessin monolinéaire. Mais dans les troisième et sixième colonnes, où elles ne se croisent pas, l'application de la transformation est inopérante. La condition de croisement des courbes est donc nécessaire. Dans le cas général, quelles sont les conditions qui caractérisent de façon univoque les colonnes permettant de rendre un dessin monolinéaire quand on leur applique la transformation ? L'étude mathématique de ces dessins, on le voit, laisse encore de nombreuses questions en suspens.

DESSINS DE TYPE « COQ EN FUITE »

Paulus Gerdes a étudié ce type de questions pour les tracés d'une autre famille de dessins angolais appelés « coq en fuite[26] ». Dans ces dessins, le réseau de points sous-jacent doit avoir un nombre impair de lignes et un nombre pair de colonnes. L'un des dessins angolais de cette famille est fondé sur un réseau de cinq lignes et six colonnes, et l'on constate qu'il est monolinéaire. Mais si l'on essaie de tracer un dessin du même type avec un réseau de cinq lignes et dix colonnes, la procédure de tracé échoue, on est ramené au point de départ avant d'avoir pu recouvrir la figure. Pourquoi ?

L'analyse de Paulus Gerdes a permis de résoudre cette question. Si le nombre de lignes et le nombre de colonnes sont respectivement impairs et pairs, on peut les noter sous la forme $2m + 1$ et $2n$. Paulus Gerdes a alors montré qu'il existait une relation simple entre les paramètres m et n et le nombre de courbes nécessaires pour tracer un tel dessin. Ce dernier nombre est en effet donné par l'expression :

$$\mathrm{pgcd}(m + 1, n + 1).$$

Ainsi, le dessin angolais a cinq lignes et six colonnes (à gauche figure 2.22), donc les entiers m et n valent respectivement dans ce cas deux et trois ($2m + 1 = 5$, $2n = 6$). Il en résulte que les entiers apparaissant dans la formule de pgcd ci-dessus prennent les valeurs trois et quatre, qui sont premières entre elles, donc le dessin est monolinéaire. Mais dans l'autre exemple à cinq lignes et dix colonnes (à droite figure 2.22), les valeurs de m et n sont respectivement deux et cinq, donc les entiers intervenant dans le pgcd sont trois et six. Leur plus grand commun diviseur est trois, ce qui permet d'affirmer que le dessin est trilinéaire.

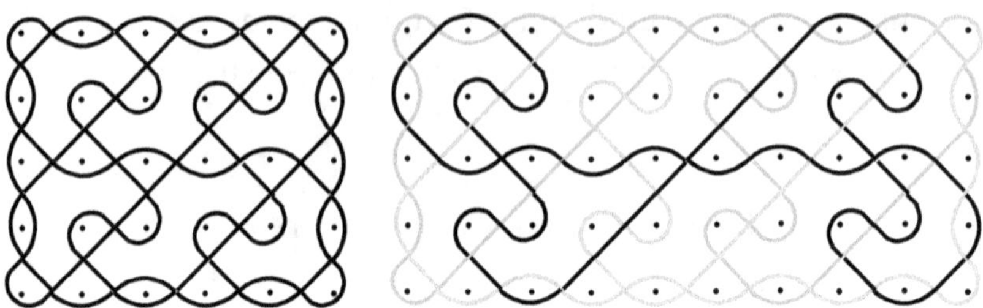

Figure 2.22 – Dessin « coq en fuite » monolinéaire à gauche
(cinq lignes et six colonnes), plurilinéaire à droite (cinq lignes et dix colonnes).

De telles questions mathématiques renvoient à des questions similaires sur le plan cognitif. Les artistes connaissent-ils les relations liant le nombre de courbes nécessaires au tracé et les dimensions du réseau de points sous-jacent ? Dans les dessins de la famille de « L'oiseau dans son nid », la transformation appliquée à une colonne est-elle bien identifiée par les artistes comme une procédure *générale* ? Si elle l'est, connaissent-ils ses conditions d'application, c'est-à-dire savent-ils déterminer les colonnes qui permettent d'obtenir un tracé conforme à la règle ?

Les dessins sur le sable du Vanuatu sont un exemple d'activité dans une société de tradition orale mettant en jeu des représentations mathématiques qui font l'objet d'une verbalisation. Mais il est clair que cette verbalisation n'est que partielle, et que la majeure partie des connaissances accumulées par les artistes reste non verbalisée, notamment en ce qui concerne les méthodes développées pour réaliser de tels tracés.

CHAPITRE 3

Jeux de stratégie

L'une des difficultés qui se posent dans les études au sein de sociétés de tradition orale est de relier les descriptions des propriétés observées (qui sont décrites dans le langage des mathématiques occidentales contemporaines) avec les processus mentaux effectivement mis en œuvre au sein de la société étudiée. Le plus souvent, les activités donnant lieu à ces élaborations mathématiques ne font l'objet d'aucune verbalisation. Il n'existe pas, ou peu, de discours autochtone à leur sujet. Ainsi, dans le contexte des sociétés de tradition orale, les situations permettant d'étudier les modalités du raisonnement hypothético-déductif sont rares, car de nombreux savoirs ne sont pas associés à des verbalisations. Le cas des jeux de stratégie constitue une exception. Le principe même de la succession des coups entre les deux joueurs fournit un cadre propice à la déduction et à l'anticipation qui sont les outils de leurs stratégies.

L'awélé est un jeu de semailles répandu sur tout le continent africain, dont il existe de nombreuses variantes. Il présente un cas intéressant pour étudier la verbalisation et les raisonnements associés à des savoirs mathématiques dans les sociétés de tradition orale. En effet, on peut comparer les propriétés mathématiques du jeu et de ses différentes configurations d'une part, et le discours autochtone des experts de ce jeu tel qu'on peut réellement l'observer sur le terrain d'autre part et, de cette façon, évaluer la distance qui sépare ces deux points de vue.

Plusieurs études ont été consacrées aux propriétés formelles de l'awélé. Par exemple, l'ethnomathématicien Ron Eglash a montré que certaines successions de coups pouvaient être modélisées par un automate cellulaire à une dimension et que cette analyse faisait apparaître des configurations stables (qui se reproduisent indéfiniment), d'autres alternant périodiquement[1]. Il est possible que les joueurs experts africains aient plus ou moins conscience de ces propriétés et qu'ils s'en servent dans leur stratégie. Mais ce point ne peut être véritablement acquis que si l'on effectue une enquête de terrain pour recueillir leurs raisonnements sur leur pratique. Il se trouve que de telles enquêtes ont commencé à se développer, notamment dans les travaux de psychologie interculturelle menés par Jean Retschitzski[2].

Notre hypothèse sera la suivante : les raisonnements de mathématiciens occidentaux étudiant certaines configurations de l'awélé sont semblables sur plusieurs points à ceux d'experts africains analysant les stratégies du jeu.

Pour étayer cette hypothèse, nous allons dans un premier temps rappeler les règles du jeu. Puis nous décrirons quelques résultats obtenus par des chercheurs occidentaux mathématiciens ou informaticiens à propos de certaines configurations de graines de l'awélé. Ensuite, nous présenterons des raisonnements de joueurs ivoiriens tels qu'ils sont décrits dans les travaux de Jean Retschitzski. Ceux-ci concerneront plus particulièrement les fins de parties où, le nombre de graines étant réduit, il est plus facile de repérer certaines dispositions de graines ayant des propriétés particulières. On verra qu'il existe des similitudes entre ces configurations étudiées par les joueurs et celles analysées par les mathématiciens. Tout l'enjeu de cette approche comparative sera de préciser ce qu'on entend par « semblables » lorsqu'on rapproche ainsi le discours des uns et des autres, autrement dit de dégager les traits généraux que ces deux types de raisonnements peuvent avoir en commun.

DÉMONSTRATION
ET RAISONNEMENT LOGIQUE

On sait la place du raisonnement hypothético-déductif dans le développement des mathématiques depuis l'Antiquité. Les Grecs sont responsables de l'introduction en mathématiques d'une approche de type *dialectique*, qui repose principalement sur la logique déductive, et qui s'intéresse à des questions d'existence[3]. Un exemple de cette approche est l'affirmation par Pythagore (v. 580-490 av. J.-C.) selon laquelle il n'existe pas de solution rationnelle à l'équation $x^2 = 2$. Une telle affirmation s'écarte notablement du point de vue consistant à calculer des approximations successives de la racine carrée de deux. Dans le processus de formalisation des mathématiques qui a dominé le XXe siècle, l'approche dialectique est devenue prépondérante. L'une de ses caractéristiques principales est l'usage généralisé de la *démonstration logique*, au point que l'on considère parfois qu'il n'y a pas de mathématiques hors du schème hypothético-déductif propre à la démonstration.

Mais ce point de vue tend à reléguer au second plan la notion d'*algorithme* – suite d'opérations reproductibles sans ambiguïté dans différents contextes – qui est pourtant plus ancienne et plus universelle. Il existe en effet une autre approche des mathématiques, de type *algorithmique*, qui suit des méthodes de calcul explicite de solutions ou de leurs approximations. Cette approche est sans doute beaucoup plus répandue à l'échelle de l'humanité. Près de deux mille ans avant J.-C., les Babyloniens savaient déjà calculer une dizaine de décimales de la racine carrée de 2. Notons qu'aujourd'hui, le développement des ordinateurs suscite un nouvel essor de l'approche algorithmique.

Il est évident que dans les sociétés de tradition orale, les mathématiques sous-jacentes à certaines activités à caractère technique sont plutôt de type algorithmique. Mais cela ne dispense pas de s'interroger sur la manière dont le schème hypothético-déductif est pratiqué dans ces sociétés. Cette question appartient aujourd'hui au champ des *sciences cognitives*. Plus précisément, elle concerne les recherches interculturelles qui se sont développées en leur sein durant les dernières décennies. De telles recherches ont jusqu'à présent beaucoup porté sur le problème de la déduction syllogistique. L'exemple suivant, qui ressemble à un dialogue de sourds, met bien en lumière les difficultés qui se posent quand on veut isoler le plan purement logique du discours dans une enquête de terrain[4] :

« — *L'enquêteur :* Tous les Kpelle cultivent le riz.
M. Smith ne cultive pas le riz.
Question : M. Smith est-il un Kpelle ?
— *L'indigène :* Je ne connais pas M. Smith, je ne l'ai jamais vu. »

L'analyse de ce dialogue classique a conduit à diverses interprétations, mais la thèse de l'incapacité des sujets à maîtriser la déduction syllogistique ne semble plus guère défendue. En revanche, l'importance de la différence culturelle entre l'enquêteur et l'enquêté est mieux prise en compte, et l'on évalue plus justement la distorsion qu'elle introduit dans le déroulement de l'enquête[5]. Ce qui était parfois perçu comme illogique est aujourd'hui plus prudemment considéré comme incomplet, c'est-à-dire comme faisant référence à des propositions sous-entendues dont l'ellision empêche de saisir la logique du discours.

Les jeux de stratégie

Les jeux de stratégie constituent un objet propice à l'étude des mécanismes de raisonnement. En effet, les jeux de ce type

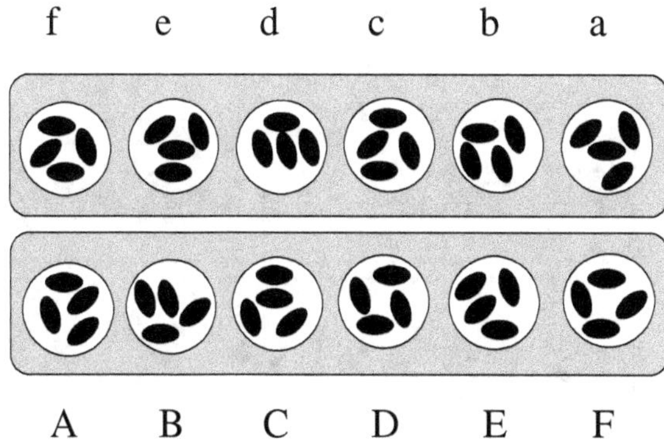

Figure 3.1 – Le tablier de l'awélé avec six cases dans chaque camp.

se déroulent à l'intérieur d'un univers abstrait de cases et de pions, en marge du monde réel, avec des règles de fonctionnement explicites. Ils incluent dans leur principe même la notion de séquentialité (alternance régulière de coups) qui leur confère une affinité avec le schème linéaire du raisonnement déductif (« si je joue cela, il se passe ceci »).

L'Afrique est le continent d'un jeu aussi passionnant et raffiné que les échecs ou le go, appelé « jeu de semailles ». Il se présente sous la forme d'un tablier creusé de trous dans lesquels sont distribuées des graines. Il en existe une grande variété, que l'on regroupe en deux types : les jeux de type *wari* (ou *awélé, owari*, etc.) dont le tablier comporte deux rangées de cases et qui sont largement répandus en Afrique occidentale ; et les jeux de type *solo* (ou *soro, kisoro*, etc.) à trois ou quatre rangées de cases, qui sont pratiqués principalement en pays bantou[6].

Le plus connu des jeux de semailles est l'awélé. C'est un jeu de type *wari*, comportant deux rangées de six cases contenant initialement quatre graines par case. Un coup consiste à prendre le contenu d'une case de son camp (la rangée placée de son côté) et à tourner dans le sens anti-horaire le long des deux rangées (la sienne et celle de l'adversaire) en distribuant une

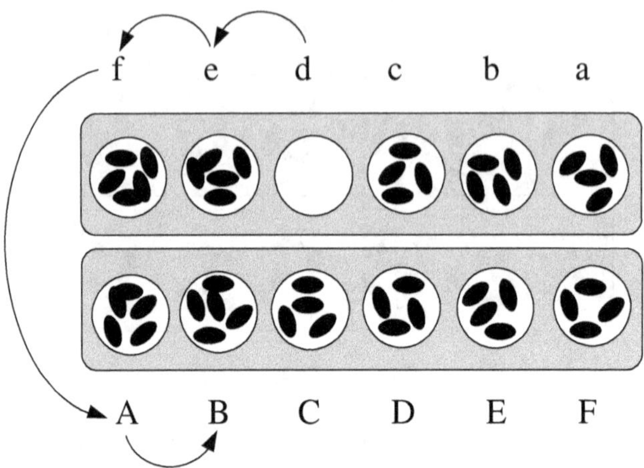

*Figure 3.2 – En jouant la case « d », Nord sème quatre graines
dans les cases « e », « f », « A » et « B » en tournant dans le sens anti-horaire.*

graine par case. Par convention, on notera par des majuscules les cases de Sud et par des minuscules celles de Nord (de la gauche vers la droite pour chacun des joueurs). Si en commençant Nord joue la case « d », il sème quatre graines dans les cases « e », « f », « A » et « B » (figure 3.2).

On notera une position du tablier par deux lignes de chiffres indiquant les contenus des deux rangées de cases. La position initiale et celle obtenue après le coup précédent s'écrivent donc :

4 4 4 4 4 4
4 4 4 4 4 4

5 5 0 4 4 4
5 5 4 4 4 4.

Il y a prise quand un coup se termine dans une case du camp adverse dont le contenu est porté à deux ou trois graines. Dans ce cas, on récolte le contenu de cette case, ainsi que celui de toutes les cases précédentes du camp adverse qui contiennent également deux ou trois graines. Par exemple,

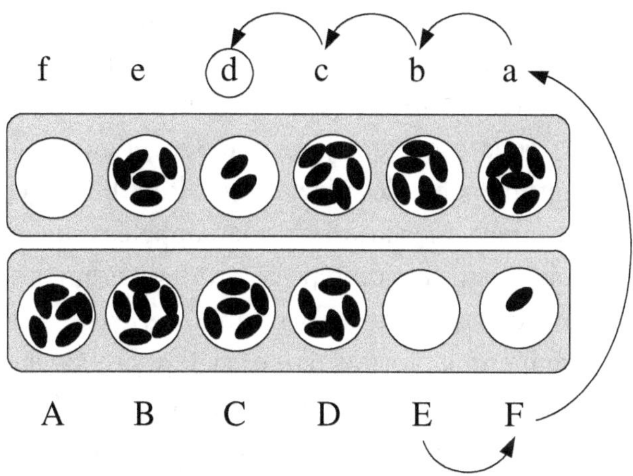

*Figure 3.3 – En jouant « E », Sud capture deux graines
dans la case « d » du camp adverse.*

considérons les coups suivants « FaE » à partir de la position
précédente :

    5 5 1 5 5 5
    5 5 4 4 4 0

    0 5 1 5 5 5
    6 6 5 5 5 0

    0 5 2 6 6 6
    6 6 5 5 0 1.

On voit qu'en jouant « E » au bout de quatre coups, Sud
capture deux graines dans la case « d » du camp adverse
(figure 3.3).

La partie se termine quand il ne reste plus assez de graines
en jeu pour permettre des prises, ou bien quand un joueur n'a
plus de graine dans son camp sans que l'adversaire puisse jouer
un coup qui lui en redonne. Dans ce cas, l'adversaire prend
toutes les graines restantes. Le gagnant est celui qui a récolté le
plus de graines.

Comme c'est souvent le cas dans les sociétés de tradition orale, l'awélé prend place au sein d'un réseau de correspondances symboliques. Dans ces sociétés, en effet, les domaines d'activité de la pensée ne sont jamais indépendants les uns des autres. Par exemple, chez les Nzakara de République centrafricaine, qui pratiquent une variante du jeu appelée *a-ngu^{n}là* (c'est-à-dire « les bois »), qui est de type *solo* (quatre rangées de huit cases contenant initialement deux graines par case), ces correspondances prennent la forme d'une métaphore de la guerre. Éric de Dampierre écrit à ce sujet : « [Les joueurs] donnent aux mouvements du jeu une interprétation qui invoque, symboliquement et matériellement, la stratégie et la tactique des armées zandé et nzakara[7]. » Mais l'existence de cette interprétation symbolique n'altère en rien la cohérence et le caractère systématique de la logique sous-jacente du jeu. Or c'est précisément ce plan purement logique que nous nous efforçons de dégager, et sur lequel nous allons placer notre analyse.

Un jeu peut être représenté par un graphe dont les sommets sont les états possibles (un état est une répartition particulière des pions sur le tablier) et les transitions correspondent aux coups permettant de passer d'un état à un autre. L'étude de tels graphes est l'un des objectifs de la théorie des jeux[8]. Évidemment, pour des jeux comme les échecs ou le go, le nombre de sommets du graphe est considérable. Ce paramètre donne une indication sur la complexité du jeu, car il permet de se faire une idée du nombre de situations qu'il faudrait idéalement envisager pour déterminer une stratégie gagnante.

S'il est difficile de mettre en évidence des propriétés générales du graphe décrivant toutes les situations possibles, il est plus facile d'étudier les propriétés de configurations particulières de pièces. Dans les fins de partie, par exemple, leur nombre est souvent réduit, et il est parfois possible, pour certaines configurations remarquables, de mener une analyse plus poussée des choix qui s'offrent aux joueurs. La mathématisation ne porte plus alors sur le graphe du jeu dans son ensemble, mais sur certains sous-graphes dont on met en évidence des propriétés spécifiques. De ce point de vue, l'awélé semble être un objet d'étude privilégié, car ses règles sont simples et ses pièces non différenciées, contrairement à celles des échecs, par exemple, qui obéissent à des règles différentes selon qu'il s'agit des tours, des chevaux, des fous, etc. Cela explique sans doute pourquoi plusieurs mathématiciens ont exploré les propriétés de ce jeu. Nous allons en donner quelques exemples ci-après.

La maîtrise du graphe complet d'un jeu, quant à elle, nécessite le recours à des ordinateurs. Théoriquement, un ordinateur qui pourrait stocker l'intégralité d'un tel graphe deviendrait imbattable, car il pourrait prévoir tous les coups possibles à partir d'une situation quelconque. Mais on sait que pour les échecs ou le go, cette limite théorique est loin d'être atteinte, de sorte que les programmes d'ordinateur qui jouent à ces jeux se contentent actuellement de manipuler des sous-ensembles du graphe et de calculer des fonctions d'évaluation sur les sommets. Il y a une dizaine d'années, les progrès effectués dans ce domaine ont fait l'objet d'une campagne de médiatisation lorsque l'ordinateur Deep Blue de la firme IBM a affronté le champion du monde d'échecs Garry Kasparov.

C'était le 10 février 1996 à Philadelphie. Garry Kasparov, joueur le mieux classé de tous les temps, perdait une partie face à Deep Blue. Il était le premier champion du monde d'échecs battu par un ordinateur. Il se vengea dans les parties suivantes, et le score final de cet affrontement sur six parties tourna à son avantage : une partie perdue par Kasparov, une gagnée, puis deux nulles, puis deux parties gagnées par Kasparov, soit 4 points contre 2.

L'ordinateur Deep Blue fonctionnait avec 256 microprocesseurs travaillant en parallèle et pouvait calculer 200 millions de positions par seconde, ce qui lui permettait d'essayer tous les coups possibles jusqu'à une profondeur de sept à huit coups. Un nouveau match fut organisé l'année suivante, diverses améliorations ayant été apportées au programme. Cette fois, l'équilibre basculait au profit de la machine, et le 11 mai 1997 à New York, Deep Blue battait Kasparov par 3,5 points contre 2,5. Le score final de Kasparov sur six parties, pour cette première défaite de toute sa carrière en match individuel, s'établissait ainsi : une partie gagnée, une perdue, trois nulles, une perdue.

Quelques mois plus tard, IBM annonçait l'arrêt de ce programme de recherche et la mise hors service de Deep Blue. Le champion russe, qui avait régné sur les échecs plus de dix ans, depuis sa victoire contre Anatoli Karpov en 1985, a réclamé en vain une revanche. Plus récemment, en 2003, il a affronté une version réduite de Deep Blue, appelée « Deep Blue Junior » parce qu'elle ne peut calculer que 3 millions de mouvements à la seconde. Le match a duré deux semaines, et s'est conclu par un score nul de 3 points contre 3.

Le jeu de go est considéré comme trop complexe pour laisser une chance à la machine. Alors que les échecs comportent 64 cases, il y a 361 intersections dans le go. Sa combinatoire est telle qu'il faudra sans doute attendre encore longtemps avant qu'un programme informatique puisse le maîtriser.

L'awélé se situe à un niveau de complexité comparable aux échecs et au go (c'est-à-dire supérieur aux dames), mais il est sans doute le moins complexe des trois. En 2002, deux chercheurs informaticiens néerlandais, John W. Romein et Henri E. Bal, annonçaient « qu'ils avaient résolu l'awélé », c'est-à-dire qu'ils étaient parvenus à représenter informatiquement l'intégralité du graphe du jeu en utilisant un ordinateur à 144 processeurs parallèles[9]. Le nombre de sommets du graphe, c'est-à-dire le nombre de positions de jeu possibles qu'ils ont réussi à stocker, est égal à 889 063 398 406, soit de l'ordre de 10^{12}. Leurs travaux montrent en particulier que l'awélé se termine nécessairement par un match nul si les deux joueurs jouent de façon optimale, ce qui confirme l'intérêt de ce grand jeu de stratégie, qui n'est pas biaisé en quelque sorte, c'est-à-dire qui ne donne pas un avantage irréductible à l'un des joueurs, ni celui qui commence la partie, ni l'autre.

LE LIVRE DU CAPITAINE ROBERT S. RATTRAY

L'un des premiers ouvrages d'ethnographie décrivant les régles de l'awélé est celui publié par le capitaine Robert S. Rattray (1881-1938). Cet anthropologue du gouvernement britannique a travaillé longtemps au Ghana (ancienne Gold Coast) au début du XXe siècle, où il était chargé par les autorités coloniales d'aider à prévenir de nouveaux conflits avec les Ashanti. Sa carrière avait commencé comme militaire en Afrique du Sud, avant l'âge de vingt ans. Démobilisé en 1902, il était parti en Afrique centrale britannique (actuel Malawi) au service de l'African Lake Corporation. Son penchant pour la chasse l'avait conduit sur la piste des éléphants. Il était ensuite arrivé dans ce qui est aujourd'hui le Ghana, à une époque où les relations des Ashanti avec les autorités coloniales étaient encore tendues, et son intérêt s'était alors porté sur l'étude de leur langue et de leur culture. Lors de l'Exposition de l'Empire britannique en 1924 à Wembley, il avait été chargé du pavillon consacré aux Ashanti.

Son ouvrage collectif *Religion and Art in Ashanti* publié en 1927 est le deuxième d'une série de trois volumes (les deux autres sont *Ashanti* paru en 1923, et *Ashanti Law and Constitution* paru en 1929). Il contient un chapitre intitulé « Wari » consacré à la description de l'awélé rédigé par G. T. Bennett, de Cambridge, à qui Rattray avait appris les règles du jeu lors de l'exposition de Wembley. Le texte de Bennett a été la source de beaucoup d'autres études sur l'awélé et reproduit de nombreuses fois[10]. Outre les règles, il donne également des informations sur les stratégies du jeu.

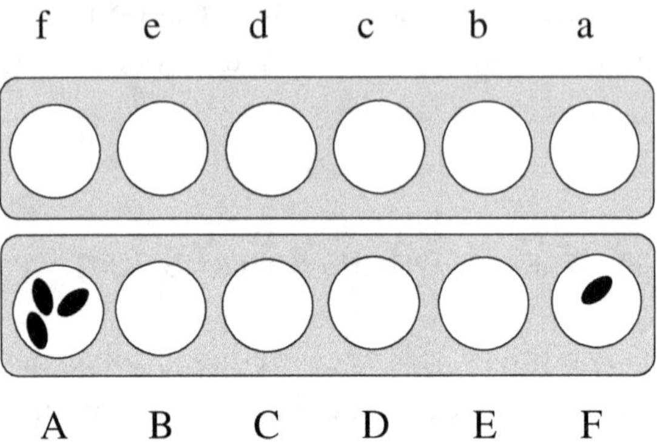

Figure 3.4 – Point de départ d'un « mouvement lent » en fin de partie.

Dans les fins de partie, Bennett définit ce qu'il appelle un *mouvement lent*. Lorsqu'il ne reste plus beaucoup de graines en jeu, le joueur a intérêt à en garder beaucoup de son côté, et à en laisser le moins possible du côté de l'adversaire. Un mouvement lent consiste alors à répartir les graines de son camp dans le plus de cases possibles, et à jouer toujours la case qui a le moins de graines. Il donne l'exemple suivant :

```
0 0 0 0 0 0
3 0 0 0 0 1
```

représenté figure 3.4.

Sud doit donner une graine à Nord, c'est-à-dire jouer « F », puis Nord joue « a ». Ensuite, Sud joue la case « A » avec trois graines, et Nord joue « b » :

```
0 0 0 1 0 0
0 1 1 1 0 0.
```

Dès lors, Sud joue le mouvement lent suivant : « DcCd-BeC ». Ainsi, il garde toutes ses graines de son côté sans en placer dans « F », ce qui l'obligerait à en donner à Nord.

```
1 0 0 0 0 0
0 0 0 2 1 0.
```

Nord est obligé de jouer « f » et n'a plus de graines. Sud n'étant pas en mesure de lui en donner, la partie s'arrête et Sud ramasse les quatre graines. Bennett conclut en disant que « tout autre mouvement rendrait impossible la capture de ces quatre graines ».

Une autre notion introduite par Bennett est celle de *groupe de marche*. Il définit ainsi une succession de n cases consécutives dont les nombres de graines sont décroissants de n jusqu'à 1, c'est-à-dire n, $n - 1$, ... 2, 1. Une telle configuration a la propriété de se déplacer vers la droite sans se modifier quand on joue la case de gauche. Par exemple, dans le groupe de marche 4 3 2 1, si le joueur joue la case contenant quatre graines, il les sème dans les cases suivantes, ce qui donne la même configuration 4 3 2 1 déplacée d'une case vers la droite (figure 3.5).

Bennett indique que le groupe de marche 2 1, avec deux cases, est utile lorsque l'adversaire n'a pas de graines à gauche de son camp, car en le déplaçant jusqu'au camp adverse, il permet de gagner deux graines. L'exemple qu'il donne met en œuvre plusieurs groupes de marche successifs de ce type :

0 0 0 0 0 0
0 1 1 1 2 1.

Sud déplace le premier groupe de marche en jouant « E » :

0 0 0 0 0 1
0 1 1 1 0 2

puis la succession « aF » permet à Sud de prendre deux graines. Ensuite, Sud peut reconstituer un nouveau groupe de marche en jouant « aDbCcBdCe » :

1 0 0 0 0 0
0 0 0 2 1 0.

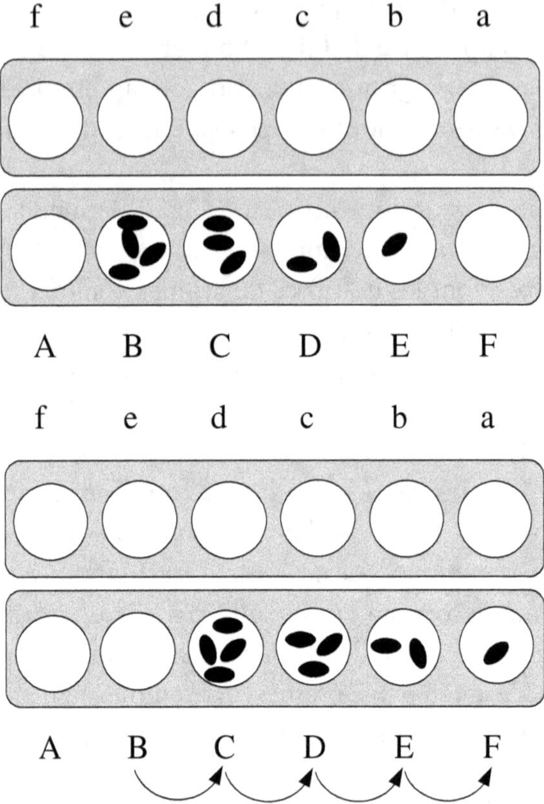

Figure 3.5 – Le « groupe de marche » 4 3 2 1 reste identique après semis de sa case de gauche.

Puis Sud déplace le nouveau groupe de marche deux fois jusque dans le camp adverse et prend deux graines comme précédemment « DfEaF » :

0 0 0 0 0 1
1 0 0 0 0 0.

Nous allons voir que ces notions introduites par Bennett mettent en évidence des propriétés mathématiques intéressantes, qui seront étudiées plus loin. Mais de notre point de vue, qui consiste à relier propriétés mathématiques et modes de pensée locaux, il manque un maillon entre le texte de Bennett et les conceptions des indigènes qui pratiquent ce jeu. En effet,

Bennett ne donne pas d'indication sur les conditions dans lesquelles les informations qu'il présente ont été recueillies sur le terrain. Par exemple, on ne dispose d'aucun terme vernaculaire désignant les notions telles que « groupe de marche » ou « mouvement lent ». Les exemples analysés ci-dessus sont-ils des extraits de parties observées chez les Ashanti ? Peuvent-ils être considérés comme des « cas d'école » décrits par des experts indigènes ? Dans une certaine mesure, il est possible que Bennett ait imaginé ces situations lui-même en explorant le jeu, comme il le laisse entendre dans son introduction : « Après un peu d'expérience dans la pratique du jeu, on verra que les éléments décrits ici constituent une petite partie des considérations très complexes qui déterminent les meilleurs mouvements[11]. » Rappelons également que Bennett n'a pas, semble-t-il, effectué lui-même d'enquête sur le terrain, son travail étant fondé sur les données recueillies par Rattray.

GROUPES DE MARCHE
ET AUTOMATES CELLULAIRES

L'ethnomathématicien Ron Eglash a montré comment on peut modéliser les groupes de marche de l'awélé sous la forme d'automates cellulaires[12]. Cette analyse est le point de départ de développements mathématiques élaborés, dont le lien avec la pratique du jeu peut sembler ténu. Ce lien repose, en fait, sur le contexte dans lequel Bennett a introduit les « groupes de marche », à savoir pour analyser les stratégies possibles du jeu.

Les automates cellulaires sont un modèle abstrait de croissance constitué d'un ensemble de petites cellules disposées en quadrillage, dont l'état évolue dans le temps en fonction des cellules voisines[13]. L'automate est à deux dimensions si le quadrillage se déploie à la fois verticalement et horizontalement. Il est à une dimension si les cellules sont disposées sur une seule ligne. L'« état » de chaque cellule est un nombre entier pouvant prendre k valeurs comprises entre 0 et $k-1$. On considère souvent des automates cellulaires ayant seulement deux états 0 ou 1, dont les cellules sont alors représentées graphiquement par des carrés noirs (1) ou blancs (0).

Un exemple d'automate cellulaire avec des cellules à deux états (noir ou blanc) est le modèle célèbre, inventé par Conway, qui est connu sous le nom de « jeu de la vie ». Il doit cette appellation à l'aspect particulier que prend son évolution, au cours de laquelle apparaissent des petites formes qui croissent, puis explosent, d'autres qui se déplacent en s'autoreproduisant (on les appelle des « glisseurs »), d'autres encore qui se regroupent avec d'autres formes. Sur la figure 3.6, qui montre deux étapes consécutives de son évolution, on voit apparaître certaines formes au comportement particulier (qui sont soulignées par des flèches) :

(a) Certaines sont stables, c'est-à-dire qu'elles restent immobiles d'une étape à l'autre, comme le petit carré de quatre cellules noires dont on trouve plusieurs exemplaires dans le tableau (par exemple en haut au milieu, légèrement décalé à droite).

(b) D'autres alternent indéfiniment deux configurations, comme le petit tiret qui apparaît soit horizontalement, soit verticalement, dont on trouve un exemple dans le quart supérieur gauche du tableau (figure 3.6).

Au cours de son évolution, l'automate a tendance à maintenir une répartition relativement raréfiée, les cellules noires restant nettement minoritaires par rapport aux cellules blanches.

Le choix des cellules voisines déterminant l'évolution du système dépend du modèle d'automate cellulaire considéré, il est responsable des aspects très différents que prend celui-ci au fil de ses transformations successives. Dans le cas du jeu de la vie, l'état d'une cellule à l'étape ultérieure dépend de l'état de neuf cellules formant un carré centré autour d'elle, et constitué de la cellule elle-même et de ses huit voisines. La règle s'énonce ainsi :

(1) Si la cellule considérée est noire, elle ne peut rester noire que si parmi ses huit voisines deux ou trois sont noires.

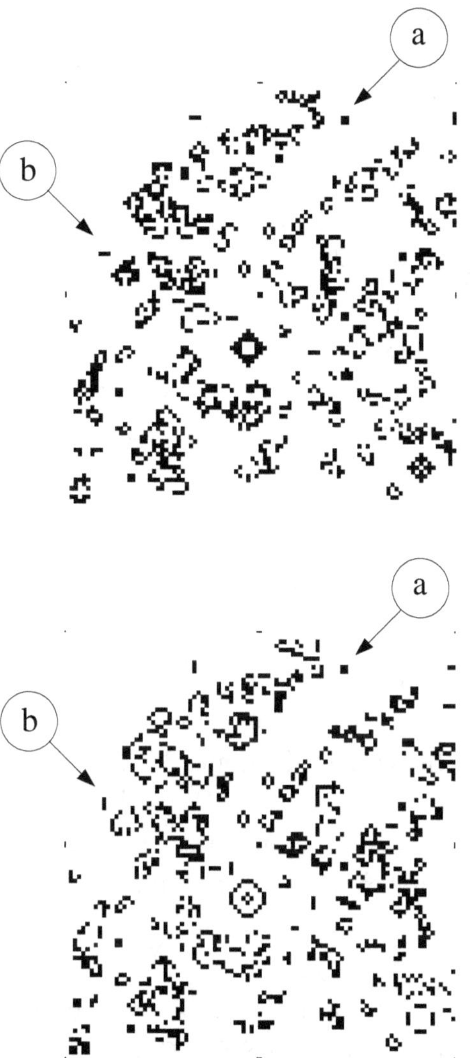

Figure 3.6 – Deux étapes consécutives de l'évolution du jeu de la vie ;
(a) forme stable (b) formes alternantes.

(2) Si elle est blanche, elle ne peut rester blanche que si elle n'a pas trois voisines noires.

Les mouvements des groupes de marche de l'awélé ou d'autres configurations de graines similaires, c'est-à-dire réparties dans des cases consécutives et déplacées par semis du contenu de la case la plus à gauche, sont modélisables sous la forme d'un automate cellulaire à une dimension. Si k est le nombre de graines de la configuration étudiée, l'état d'une cellule de l'automate cellulaire ne dépend que des états d'au plus k cellules voisines, situées à sa gauche. On peut énoncer la règle ainsi :

(1) Si les k voisines de gauche de la cellule considérée sont nulles, elle devient nulle à l'étape suivante (qu'elle soit elle-même nulle ou pas).

(2) Si parmi ses k voisines à gauche, on trouve une série de cellules consécutives non nulles, et si la plus à gauche d'entre elles est dans un état supérieur à la distance qui la sépare de la cellule considérée, alors l'état de cette cellule augmente d'une unité à l'étape suivante.

Cette règle suppose que la configuration de graines est placée sur une rangée *infinie* de cases. Bien entendu, cela ne correspond pas à la réalité du tablier de l'awélé. Mais il est commode de faire ce genre d'hypothèse pour mettre en évidence certaines régularités, afin d'en comprendre les causes et d'en proposer un modèle mathématique. La figure 3.7 montre la configuration 3 5 2 1. Lors du semis de la case de gauche « B », le contenu des cases « C », « D » et « E » est modifié. On obtient alors la configuration 5 3 2. On notera ce déplacement sous la forme :

$$3\ 4\ 2\ 1 \rightarrow 5\ 3\ 2.$$

Le tablier étant supposé infini, on peut répéter indéfiniment le semis de la case de gauche. Quel que soit le contenu de cette case, il reste toujours inférieur au nombre total de graines de la configuration, qui vaut $k = 11$ dans cet exemple. Il est donc évident que les cases situées à une distance de celle-ci supérieure à 11 (sur une rangée supposée infinie) ne sont jamais affectées par le semis. Ce constat délimite le « voisinage » dans lequel opère la règle de l'automate cellulaire.

Du point de vue de la théorie des automates cellulaires, les groupes de marche de l'awélé sont un exemple de configuration

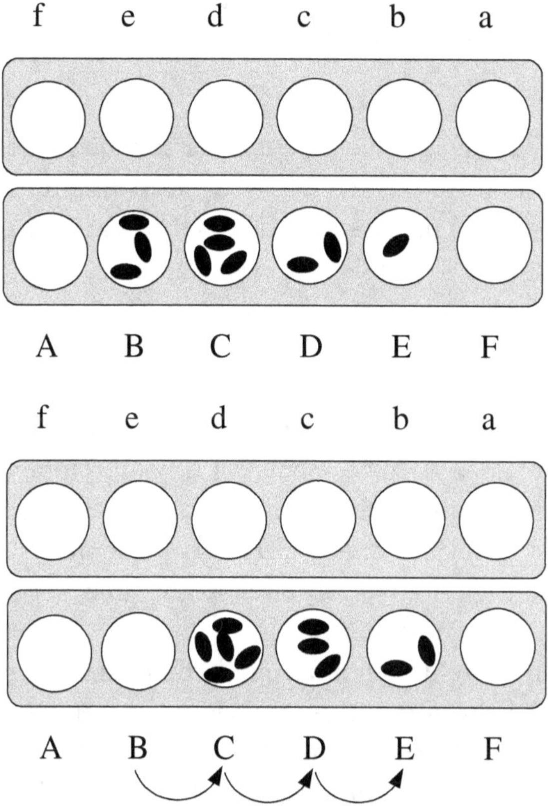

Figure 3.7 – *La configuration 3 4 2 1 se transforme en 5 3 2
après semis de sa case de gauche.*

autoreproductrice (le semis de la case de gauche les laisse inchangés, voir figure 3.5). D'autres configurations ont un comportement qui les amène à converger vers un groupe de marche. La configuration 3 4 2 1 de la figure 3.7 est précisément un exemple de ce type cité par Ron Eglash. En semant la case de gauche, on obtient 5 3 2. Si l'on réitère le semis plusieurs fois (en semant toujours la case de gauche), on constate que la configuration se transforme après plusieurs étapes en 4 3 2 1, qui est un groupe de marche. À partir de cet état, le semis ne produit plus aucune modification, car le groupe de marche est un état stable :

$$3\,4\,2\,1 \to 5\,3\,2 \to 4\,3\,1\,1\,1 \to 4\,2\,2\,2 \to 3\,3\,3\,1 \to 4\,4\,2 \to$$
$$5\,3\,1\,1 \to 4\,2\,2\,1\,1 \to 3\,3\,2\,2 \to 4\,3\,3 \to 4\,4\,1\,1 \to 5\,2\,2\,1 \to$$
$$3\,3\,2\,1\,1 \to 4\,3\,2\,1.$$

La règle de déplacement peut aussi conduire à des comportements périodiques. C'est le cas de la configuration 2 1 1. Lorsqu'on sème plusieurs fois la case de gauche, on obtient d'abord 2 2, puis 3 1, puis on revient à 2 1 1. Cet exemple est donc de période trois :

$$2\,1\,1 \to 2\,2 \to 3\,1 \to 2\,1\,1.$$

Comme l'ensemble des formes que peut prendre une configuration lors de ses déplacements est fini, on retombe nécessairement à un certain moment sur une forme déjà vue précédemment. Les déplacements ultérieurs adoptent alors un comportement périodique, qui constitue une sorte de cycle limite de la configuration initiale, et apparaît après un premier épisode transitoire. On montre que la période du régime périodique dépend du nombre de graines de la configuration. Les valeurs correspondantes sont regroupées dans le tableau 3.1. Par exemple, la configuration 3 4 2 1 contient dix graines, le tableau indique que son régime périodique est de période un, c'est-à-dire qu'elle converge nécessairement vers un groupe de marche, ce qui confirme le constat précédent.

Tableau 3.1. Périodes des configurations de l'awélé
en fonction de leur nombre de graines

Nombre de graines	1	2	3	4	5	6	7	8	9	10	11	12	13
Périodes possibles	1	2	1	3	3	1	4	4,2	4	1	5	5	5

GROUPES DE MARCHE AUGMENTÉS
ET FIGURES PÉRIODIQUES

L'article de Ron Eglash, paru dans le numéro spécial d'avril 2005 du magazine *Pour la science* consacré aux « Mathématiques exotiques », présentait son analyse des groupes de marche de l'awélé sous la forme d'automates cellulaires. Cet article a eu un effet de catalyseur et a donné naissance à plusieurs études de chercheurs mathématiciens ou informaticiens consacrées aux propriétés des groupes de marche et des configurations périodiques de ce jeu. L'une des belles réussites dans ce domaine est un joli résultat établi par André Bouchet, professeur d'université aujourd'hui à la retraite, spécialiste de combinatoire, qui montre que les configurations périodiques de l'awélé sont exactement les positions qui sont « prises en sandwich » entre deux groupes de marche dont les nombres de cases sont deux entiers consécutifs.

André Bouchet définit ce qu'il appelle un *groupe de marche augmenté*[14]. Il s'agit d'une configuration obtenue à partir d'un groupe de marche, en ajoutant une graine dans certaines cases, ou éventuellement dans la case à droite de la dernière case du groupe. La figure 3.8 montre le groupe de marche augmenté 5 5 3 2 1 1. Il est obtenu à partir du groupe de marche 5 4 3 2 1 disposé dans les cases « A » à « E » en ajoutant une graine dans « B » (qui passe de quatre à cinq graines) et dans « F » (qui passe de zéro à une graine).

Si l'on ajoutait exactement une graine dans toutes les cases indiquées dans la définition ci-dessus (celles du groupe de marche, plus une case supplémentaire à droite de la dernière), on en ajouterait également dans les cases « A », « C », « D » et « E ». Mais on obtiendrait alors le groupe de marche 6 5 4 3 2 1 dont le nombre de cases est immédiatement supérieur au

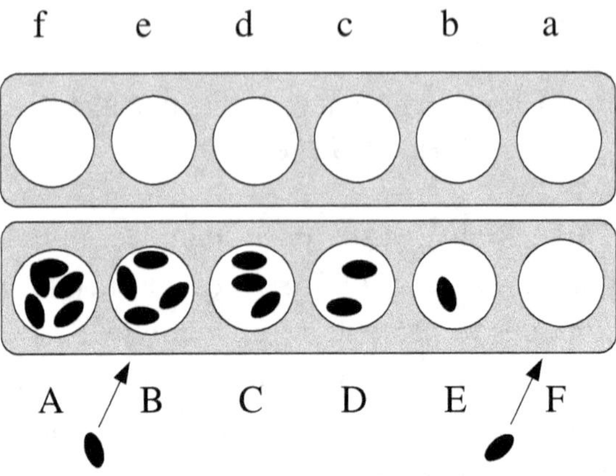

Figure 3.8 – Le « groupe de marche augmenté » 5 5 3 2 1 1 obtenu à partir de 5 4 3 2 1 en ajoutant une graine dans « B » et « F ».

précédent. En ce sens, on peut dire qu'un groupe de marche augmenté, au sens de Bouchet, est strictement compris entre deux groupes de marche dont les nombres de cases sont des entiers consécutifs, qui le prennent « en sandwich » (figure 3.9).

Le résultat de Bouchet établit que *les configurations périodiques de l'awélé sont exactement les groupes de marche augmentés*. Il est facile de voir qu'une telle configuration est périodique. Par définition des groupes de marche augmentés, elle « contient » un groupe de marche sous-jacent, auquel on a ajouté une graine dans certaines cases. Lorsqu'on joue sa case de gauche, on reconstitue, à une case de distance vers la droite, une nouvelle configuration qui contient, elle aussi, un groupe de marche sous-jacent avec une graine supplémentaire dans certaines cases. Or, si l'on considère la séquence de zéro et de un indiquant la présence ou l'absence de cette graine supplémentaire, on observe que, lors de ce déplacement, la séquence subit exactement une permutation circulaire d'un élément, c'est-à-dire que son premier élément est placé à la fin. Par exemple, pour la configuration périodique 5 5 3 2 1 1 (figure 3.8), on obtient les déplacements suivants :

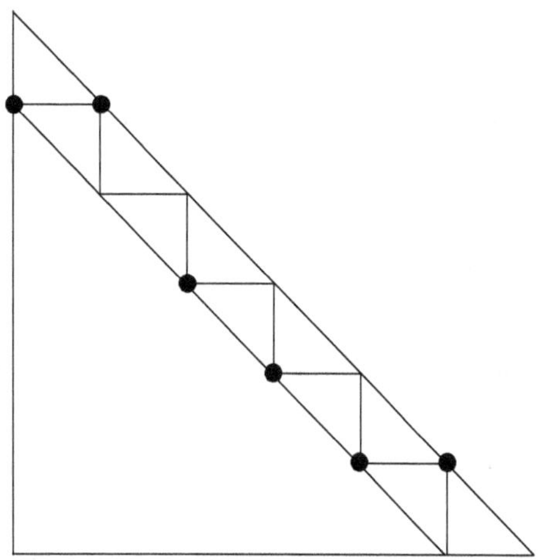

*Figure 3.9 – Le « groupe de marche augmenté » 5 5 3 2 1 1 est pris en sandwich
entre les deux groupes de marche 5 4 3 2 1 et 6 5 4 3 2 1,
de cinq et six cases respectivement.*

$$5\,5\,3\,2\,1\,1 \rightarrow 6\,4\,3\,2\,2 \rightarrow 5\,4\,3\,3\,1\,1 \rightarrow 5\,4\,4\,2\,2 \rightarrow 5\,5\,3\,3\,1$$
$$\rightarrow 6\,4\,4\,2\,1 \rightarrow 5\,5\,3\,2\,1\,1.$$

Le groupe de marche sous-jacent est 5 4 3 2 1. Pour la séquence de zéro ou un indiquant les graines additionnelles, on obtient les permutations circulaires suivantes :

$$0\,1\,0\,0\,0\,1 \rightarrow 1\,0\,0\,0\,1\,0 \rightarrow 0\,0\,0\,1\,0\,1 \rightarrow 0\,0\,1\,0\,1\,0 \rightarrow$$
$$0\,1\,0\,1\,0\,0 \rightarrow 1\,0\,1\,0\,0\,0 \rightarrow 0\,1\,0\,0\,0\,1.$$

Par conséquent, en réitérant le processus, tous les éléments de cette séquence vont être déplacés à la fin les uns après les autres, et on reviendra à la séquence initiale.

DÉMONSTRATION DU RÉSULTAT DE BOUCHET PAR HENNING BRUHN

Il est plus difficile de montrer que toute configuration périodique est nécessairement un groupe de marche augmenté.

Pour cette partie du théorème, la preuve originale de Bouchet a été simplifiée, par l'auteur lui-même, ainsi que par un autre chercheur, Henning Bruhn, originaire de Hambourg et actuellement post-doctorant au Laboratoire Leibniz de l'IMAG (Institut d'informatique et de mathématiques appliquées de Grenoble). Ce dernier, dont on reproduit le raisonnement ci-après, a également étendu le résultat[15].

Son idée est de considérer à partir d'une configuration donnée (périodique ou non), le groupe de marche le plus grand possible qui la « minore », c'est-à-dire tel que toutes ses cases aient moins de graines que les cases correspondantes de la configuration donnée. Dès lors, on considère la *suite des différences* entre les nombres de graines des cases de la configuration et du groupe de marche minorant maximal.

Voici un exemple de configuration 8 6 3 3 3 1 1 représentée tableau 3.2. On indique sur la ligne inférieure le groupe de marche minorant maximal (en gras) et deux lignes plus bas la suite des différences (en italiques). Le semis de la case de gauche contenant huit graines conduit à 7 4 4 4 2 2 1 1, avec le même groupe de marche minorant maximal et une suite des différences modifiée :

Tableau 3.2. Transformation de la suite des différences
lors du déplacement d'une configuration par semis de la case de gauche

8	6	3	3	3	1	1	
5	**4**	**3**	**2**	**1**			
3	*2*	*0*	*1*	*2*	*1*	*1*	

7	4	4	4	2	2	1	1
5	**4**	**3**	**2**	**1**			
2	*0*	*1*	*2*	*1*	*2*	*1*	*1*

Quel est l'effet de l'opération de déplacement sur la suite des différences ? On voit que les trois graines de sa première case dans la position initiale sont réparties à la fin (trois cases dans la position d'arrivée), *en laissant passer un nombre de cases exactement égal à la longueur du groupe de marche minorant maximal,* c'est-à-dire cinq dans cet exemple (cases contenant 2 0 1 2 1).

Lorsque la configuration a le même nombre de cases que son groupe de marche minorant maximal, le déplacement fait apparaître un zéro supplémentaire dans la suite des différences, non présent dans la position initiale :

Tableau 3.3. Apparition d'un zéro dans la suite des différences lorsque la configuration a autant de cases que son groupe de marche minorant maximal

6	5	6	3	2	
5	**4**	**3**	**2**	**1**	
1	*1*	*3*	*1*	*1*	

6	7	4	3	1	1
5	**4**	**3**	**2**	**1**	
1	*3*	*1*	*1*	*0*	*1*

Un raisonnement utilisant le fait qu'une configuration périodique revient dans son état initial après plusieurs déplacements, dont on retracera les étapes ci-après, permet de montrer que, dans ce cas, la suite des différences ne peut contenir que des zéros ou des uns. Il en résulte que toute configuration périodique est nécessairement un groupe de marche augmenté. Pour donner une idée plus précise de l'argumentation, il faut examiner plus attentivement le déplacement des configurations résultant de semis successifs de leur case de gauche, et analyser les modifications induites sur la suite des différences.

Le raisonnement de Henning Bruhn consiste à énoncer six propositions successives, donc chacune contient des observations assez simples sur les propriétés des configurations périodiques, mais dont l'enchaînement constitue un raisonnement complexe. Nous allons présenter chacune de ces étapes sous une forme intuitive qui ne nécessite aucun formalisme particulier. On remarque d'abord que :

(1) Pour une configuration périodique, le « groupe de marche minorant maximal » est aussi le plus grand groupe de marche minorant de toutes les configurations obtenues en déplaçant la configuration initiale (par semis successifs de la case de gauche).

On voit facilement dans l'exemple du tableau 3.3 ci-dessus, avec la configuration 6 5 6 3 2, que si la première case a plus de graines que celle de son groupe de marche minorant, le semis touche plus de cases que dans ce dernier. En effet, la case initiale contient six graines, alors que celle du groupe de marche minorant en contient cinq. Le semis augmente le contenu de six cases consécutives de la configuration initiale, ce qui donne 6 7 4 3 1 1, alors que dans le groupe de marche minorant, seules cinq cases voient leur contenu augmenter. On en déduit que la configuration obtenue après déplacement reste minorée par le même groupe de marche. En itérant le raisonnement, on voit que si un groupe de marche minore une configuration, il minore également toutes les configurations obtenues par déplacements successifs. Mais quand la configuration est périodique, on revient à l'état initial après un certain nombre d'étapes. Il n'est donc pas possible qu'apparaisse parmi ces états successifs un groupe de marche minorant plus grand, car il serait aussi minorant de la configuration initiale. Donc pour une configuration périodique, le « groupe de marche minorant maximal » est aussi le groupe de marche minorant maximal de toutes les configurations obtenues par déplacements successifs.

On s'intéresse désormais à la suite des différences entre les configurations obtenues par déplacements de la configuration initiale et le groupe de marche minorant maximal. Notons r le nombre de cases de ce dernier. Le raisonnement consiste à observer soigneusement l'évolution des $r + 1$ premières valeurs de cette suite au cours des déplacements successifs. On va montrer que les nombres la constituant ne peuvent prendre comme valeurs que zéro ou un. Il en résultera que la configuration périodique est nécessairement un groupe de marche augmenté. On fait d'abord l'observation suivante :

(2) L'une des $r + 1$ premières valeurs de la suite des différences est nulle ou non définie.

En effet, si toutes les cases de la configuration avaient strictement plus de graines que les cases correspondantes du groupe de marche minorant maximal, et si de surcroît la configuration avait une case supplémentaire à droite non nulle, alors on pourrait choisir un groupe de marche minorant plus grand, ce qui contredit l'hypothèse selon laquelle celui-ci est maximal. Une analyse plus fine conduit au constat suivant :

(3) Pour une configuration périodique, le nombre d'éléments non nuls parmi les $r + 1$ premières valeurs de la suite des différences reste *constant* au cours des déplacements successifs.

On montre que ce nombre d'éléments non nuls ne peut que croître. Les déplacements envisagés tableaux 3.2 et 3.3 montrent que tout élément non nul parmi les $r + 1$ premières valeurs de la suite des différences, excepté la première valeur, est conservé après déplacement sans être modifié. Quant à la première valeur, si elle est non nulle, le semis des graines en ajoute une en position $r + 1$, donc un nouvel élément non nul apparaît. On voit en fin de compte que le nombre d'éléments non nuls parmi les $r + 1$ premières valeurs de la suite des différences est croissant lors des déplacements. Comme la configuration est périodique et revient à son état initial, il en résulte que ce nombre ne peut être que constant.

(4) Pour une configuration périodique, si un élément supérieur ou égal à deux apparaît en tête de la suite des différences, il ne peut être suivi d'un zéro.

Cette situation correspond à la configuration représentée tableau 3.4. La suite des différences 2 0 1 2 1 2 commence par deux suivi de zéro. Si l'on effectue deux déplacements successifs, on obtient 1 2 1 2 1 1. On constate que le nombre d'éléments non nuls parmi les $r + 1$ premières valeurs (r vaut cinq) est passé de cinq à six. Or la proposition (3) montre que cette situation est impossible pour une configuration périodique, puisque ce nombre doit être constant.

Tableau 3.4. La suite des différences comporte la succession 2 0.
Le nombre d'éléments non nuls parmi les six premières valeurs
n'est pas constant et passe de cinq à six

7	4	4	4	2	2	
5	**4**	**3**	**2**	**1**		
[2]	0	1	2	1	2	

5	5	5	3	3	1	1
5	**4**	**3**	**2**	**1**		
[0	1	2	1	2	1	1]

6	6	4	4	2	1	
5	**4**	**3**	**2**	**1**		
[1	2	1	2	1	1]	

(5) Pour une configuration périodique, la suite des différences ne peut contenir que des 0 ou des 1.

L'idée qui constitue le cœur de la démonstration est que, si la suite des différences comporte une case supérieure ou égale à deux, suivie de cases valant un, puis d'une case nulle, alors le semis reproduit la même succession de valeurs après quelques

Tableau 3.5. *La suite des différences comporte la succession 2 1 0.*
Après quatre déplacements, on voit apparaître la succession 2 0

7	5	3	3	2
5	**4**	**3**	**2**	**1**
$\boxed{2}$	*1*	*0*	*1*	*1*

6	4	4	3	1	1	1
5	**4**	**3**	**2**	**1**		
1	*0*	*1*	*1*	*0*	*1*	*1*

5	5	4	2	2	2
5	**4**	**3**	**2**	**1**	
0	*1*	*1*	*0*	*1*	*2*

6	5	3	3	3
5	**4**	**3**	**2**	**1**
1	*1*	*0*	*1*	*2*

6	4	4	4	1	1
5	**4**	**3**	**2**	**1**	
1	*0*	*1*	*2*	*0*	*1*

étapes, mais où le nombre de cases intermédiaires (contenant un) *décroît strictement d'une unité*. Or une telle situation est impossible pour une figure périodique, car on doit revenir à l'état initial après plusieurs déplacements.

Cette situation est illustrée par le tableau 3.5. La suite des différences vaut 2 1 0 1 1, le deux initial et le zéro étant séparés par un chiffre un. Après quatre déplacements, elle devient 1 0 1 2 0 1, ce qui fait apparaître la succession 2 0 sans chiffre intermédiaire. En vertu de (4), la configuration initiale 7 5 3 3 2 ne peut donc être périodique.

(6) Le nombre de cases d'une configuration périodique ne peut excéder de plus d'une unité celui de son groupe de marche minorant maximal, ce qui revient à dire que la longueur de la suite des différences est bornée supérieurement par $r + 1$.

Dans le tableau 3.5, la situation contraire est illustrée par la configuration 6 4 4 3 1 1 1, qui a sept cases alors que son groupe de marche minorant maximal n'en a que cinq. Au cours du semis, l'une des graines de la case initiale de la suite des différences est mise dans une case non vide, ce qui fait apparaître une case ayant plus de deux graines. La configuration ne peut donc être périodique conformément à (5). Le cas où la case initiale de la suite des différences contient zéro graine est illustré par la configuration 5 5 5 3 3 1 1 dans le tableau 3.4. Elle aussi comporte sept cases alors que son groupe de marche minorant maximal n'en a que cinq. Après déplacement, le zéro initial de la suite des différences disparaît alors qu'une case non vide apparaît à la fin, contredisant le fait que le nombre d'éléments non nuls doit rester constant d'après (3). Dans tous les cas, on voit qu'une configuration périodique ne peut comporter deux cases de plus que son groupe de marche minorant maximal.

POSITIONS DÉTERMINISTES
DANS LES FINS DE PARTIE

D'autres résultats mathématiques intéressants concernant l'awélé ont été obtenus en 1995 par Duane M. Broline et Daniel E. Loeb. Ils se sont intéressés à des situations de fin de partie qu'ils appellent « positions déterministes[16] ». Il s'agit d'une position telle que

(1) Sud peut capturer des graines à chaque coup,

(2) Nord n'a qu'une seule graine de son côté à chaque coup,

(3) toutes les graines, sauf une, sont finalement capturées par Sud.

Notons que le groupe de marche 2 1 à deux cases, lorsqu'il est placé à cheval entre Sud et Nord comme on l'a vu dans l'exemple de Bennett, permet à Sud de prendre deux graines et constitue de ce fait une position déterministe au sens de Broline et Loeb. Cette notion de position déterministe a des liens étroits avec ce que les joueurs africains appellent un « piège », comme on le verra plus loin.

Dans une position déterministe, la graine de Nord est nécessairement dans la case « a » si c'est à Nord de jouer, et la case « b » si c'est à Sud de jouer. En effet, quand Sud doit jouer, il faut qu'il effectue une prise en ne laissant qu'une seule graine dans le camp de Nord. Cela implique que la graine de Nord soit en position « b » et que Sud termine sa répartition dans cette case pour qu'il y ait capture. Sud prend alors le contenu de « b » et laisse une graine en « a ».

On voit donc que, pour être « jouable », c'est-à-dire respecter les conditions de la définition ci-dessus, la case jouée par Nord ou Sud doit être telle qu'après semis, on s'arrête dans la case « b ». Pour Nord, il s'agit de la case « a ». Pour Sud, les cases possibles sont « F » si elle contient deux graines, « E » si elle en contient trois, « D » si elle en contient quatre, etc.

Broline et Loeb donnent l'exemple suivant :

```
0 0 0 0 1 0
0 0 0 4 2 2
```

représenté figure 3.10.

C'est à Sud de jouer, et la succession de coups « FaDaEaF » lui permet de prendre huit graines, et d'en laisser une dans le camp adverse en position « a ».

Broline et Loeb font le raisonnement suivant, qui s'exprime naturellement sans recourir à un formalisme mathématique. Sud avait au départ deux cases « jouables » dans l'exemple pré-

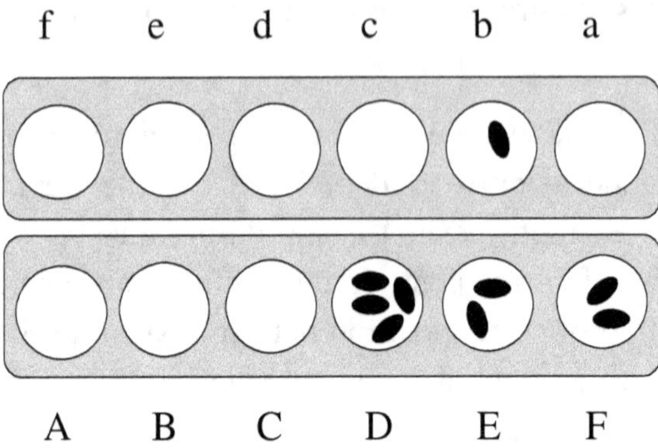

Figure 3.10 – La « position déterministe » 4 2 2 0 1,
la case jouée par Sud doit être « F ».

cédent, à savoir « F » ou « D ». Mais s'il avait joué « D », la case
« F » aurait reçu trois graines, entraînant la mise de plusieurs
graines dans le camp adverse lors d'un coup ultérieur. On ne
serait plus alors dans une position déterministe. Une conséquence de la définition des positions déterministes est que,
parmi les cases « jouables », c'est-à-dire dont le nombre de
graines leur permet de terminer le semis dans la case « b », il
faut jouer celle qui a le moins de graines, si on veut que le jeu
reste dans une position déterministe.

On montre ainsi qu'il n'existe qu'une seule manière possible
de passer d'une position déterministe à s graines à une position
déterministe à $s + 1$ graines. Elle consiste à procéder de la
manière suivante :

— on choisit la case vide la plus proche de la case « b » en
tournant dans le sens horaire, et on la remplit avec un nombre
de graines égal à la distance qui la sépare de « b » (une pour
« a », deux pour « F », trois pour « E », etc.) de manière à en
faire une case « jouable » ;

— on enlève une graine à toutes les cases qui sont entre elle
et « b ».

Par construction, cette nouvelle case sera la case « jouable » ayant le moins de graines, donc celle qui doit être jouée

(par Nord si c'est « a », ou Sud dans les autres cas). Or en semant cette case, on reconstituera la position déterministe comportant s graines dont on était parti. Il en résulte par induction que pour chaque valeur de s, *il existe une seule position déterministe ayant exactement s graines*. Broline et Loeb en déduisent le tableau suivant 3.6. Les lignes impaires correspondent au cas où c'est à Nord de jouer, les lignes paires au cas où c'est à Sud (la graine de Nord est alors en position « b », mais elle n'est pas comptée dans la somme).

Prenons la dixième ligne du tableau 3.6. Elle contient la configuration 5 3 1 1 0 1, qui est la position déterministe à dix graines :

0 0 0 0 1 0
0 0 5 3 1 1.

Sa seule case « jouable » est « C » du côté Sud, unique case dont le semis conduit en « b » et permet à Sud de prendre deux graines, en laissant une graine en « a ». On obtient alors la configuration 4 2 2 1, qui est la position déterministe à neuf graines située une ligne au-dessus dans le tableau. Nord est alors obligé de jouer « a ». On passe ensuite à la position déterministe à huit graines 4 2 2, qui est celle de l'exemple de Broline et Loeb cité plus haut (figure 3.10). La seule case jouable devient « F », comme on l'a vu.

Broline et Loeb ont observé la courbe des valeurs du nombre minimal de graines possibles dans une position déterministe comportant n cases. Par exemple, pour cinq cases (C D E F a), la plus petite position déterministe contient dix graines. Ils notent $s(n)$ ce nombre minimal de graines en fonction du nombre n de cases, et les premières valeurs sont $s(1) = 1$, $s(2) = 2$, $s(3) = 4$, $s(4) = 6$, $s(5) = 10$, $s(6) = 12$.

Bien que cela n'ait pas de sens dans le cas de l'awélé, car le nombre de cases est fixe et égal à douze, Broline et Loeb se sont intéressés au comportement de $s(n)$ quand n devient très grand.

Tableau 3.6. Positions déterministes en fonction du nombre de graines

Somme	A	B	C	D	E	F	a
1							1
2						2	
3						2	1
4					3	1	
5					3	1	1
6				4	2		
7				4	2		1
8				4	2	2	
9				4	2	2	1
10			5	3	1	1	
11			5	3	1	1	1
12		6	4	2			
13		6	4	2			1

Ils obtiennent alors une formule décrivant ce comportement asymptotique :

$$s(n) \sim n^2/\pi$$

où l'on voit apparaître de façon inattendue, comme les mathématiques en ont le secret, le nombre *pi*.

EXPLICATIONS D'UN EXPERT
SUR LES FINS DE PARTIE

Les analyses précédentes portant sur certaines configurations particulières de l'awélé (groupes de marche augmentés, positions déterministes) sont-elles de pures questions mathématiques sans rapport avec la quête de stratégies gagnantes des joueurs ? Notre propos est de montrer qu'il n'en est rien et que les experts du jeu raisonnent similairement. Le fait que les groupes de marche augmentés, par exemple, ne soient pas directement utiles à la conduite du jeu, et paraissent étrangers à toute préoccupation d'ordre stratégique, est sans importance pour notre propos. Il est clair que les experts africains ont des visées plus pratiques. Mais nous voulons montrer que leur approche rejoint celle des mathématiciens par plusieurs aspects : (a) mise en évidence de classes générales de configurations de graines ; (b) prédiction de l'évolution du jeu déterminée par ces configurations au moyen de raisonnements déductifs.

Nous allons pour cela analyser les explications données par des joueurs africains telles qu'elles sont décrites dans les recherches interculturelles menées par un spécialiste de psychologie cognitive, Jean Retschitzski, pour dégager ce qu'elles ont de commun avec les raisonnements mathématiques présentés dans les sections précédentes, et ce qui les en distingue le cas échéant. Ce chercheur s'est intéressé aux processus cognitifs mis en œuvre par les joueurs. Dans les fins de partie, notamment, il fait le constat suivant :

> « Les parties entre adultes sont très souvent interrompues bien avant que l'une des règles relatives à la fin de jeu (un joueur n'a plus de graines ; trop peu de graines en jeu pour qu'une récolte soir encore possible) ne s'applique. Ces interruptions par accord mutuel avec répartition des graines supposent une bonne connaissance des cas possibles et/ou une anticipation à relativement long terme[17]. »

Il a mené entre autres une enquête auprès de certains des meilleurs joueurs de la Côte-d'Ivoire au début des années 1980, Kouadio Wilson, Angoua Kouadio, Koffi Jean et Yadi Kouadou. Le 3 avril 1983, il les interrogeait sur la manière de finir une partie. Leurs réponses mettaient en évidence la notion de situation « canonique » :

> « [Ils] nous ont exposé leur théorie des situations de fin de partie. Dans la plupart des cas, il s'agit de situations qu'on peut appeler "canoniques", les graines restantes étant distribuées

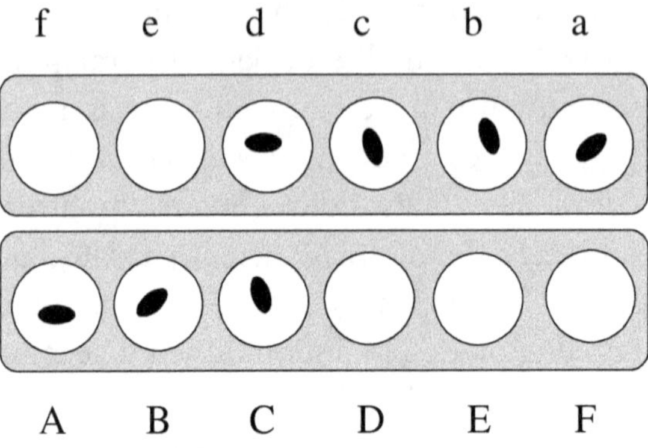

*Figure 3.11 – Une fin de partie « canonique » de type 3-4
analysée par un expert ivoirien.*

dans les premières cases de la rangée de chaque joueur, à raison d'une graine par case [...]. Nous reproduisons ci-après quelques extraits significatifs de cette conversation pour illustrer le
type de connaissances que possèdent les experts du jeu[18]. »

On peut noter ces situations « canoniques » avec deux chiffres représentant le nombre de graines dans chaque camp, en
plaçant en premier celui du joueur qui a la main. En voici une
de type 3-4 analysée par les joueurs et représentée figure 3.11[19] :

$$0\ 0\ 1\ 1\ 1\ 1 \qquad (1)$$
$$1\ 1\ 1\ 0\ 0\ 0.$$

Un expert ivoirien explique que si Sud commence, la situation conduit à un « piège » avec trait à Nord, dans lequel celui-
ci prend nécessairement deux graines. Il montre à l'appui de sa
démonstration une configuration, qualifiée par lui de « piège »
pour Sud, en expliquant qu'on y est conduit inévitablement :

$$1\ 3\ 0\ 0\ 0\ 0 \qquad (2)$$
$$0\ 0\ 0\ 0\ 0\ 3.$$

Comment fait-il ? Tout d'abord, pourquoi la situation
« canonique » de départ (1) conduit-elle inévitablement à (2) ?

Ensuite, pour quelles raisons Nord prend-il deux graines une fois arrivé dans cette situation (2) qualifiée de « piège » ?

Analysons tout d'abord le passage de (1) à (2). Si Sud veut retarder le plus longtemps possible le moment où il doit placer des graines dans le camp de Nord, il arrive à la situation prédite par l'expert en 3+4+5 = 12 coups. Il joue en effet d'abord « CDE », puis « BCDE », et enfin « ABCDE », soit douze coups. Mais dans ce cas, Nord effectue un parcours similaire en 2+2+3+4 = 11 coups, en jouant les cases « de », puis « cd », puis « bcd » et enfin « abcd ». À l'arrivée en (2), c'est donc à Nord de jouer. Tout autre déplacement de Sud comporterait moins de coups, l'obligeant à donner plus tôt des graines dans le camp de Nord et offrant à ce dernier plus de choix. Sud n'a donc guère la possibilité de s'écarter de la règle stratégique suivante : *dans une fin de partie, éviter le plus possible de placer des pions dans le camp adverse*. Si on ne la respecte pas, en effet, on augmente la mobilité de l'adversaire. En vertu de ce constat, Sud ne peut échapper à la situation (2).

Il reste à voir pourquoi la situation (2) avec trait à Nord constitue un piège pour Sud. Cette notion de « piège » est analysée en détail par Retschitzski, qui la définit de la manière suivante :

> « La stratégie [des pièges] consiste à essayer de priver l'adversaire de graines, puis à lui en donner tout en créant une menace sur la ou les cases où il sera contraint de jouer[20]. »

Plusieurs cas de piège sont possibles. La situation (2) représentée figure 3.12 en est un. Le trait est à Nord, qui joue « f » :

0 3 0 0 0 0
1 0 0 0 0 3.

Sud a alors deux possibilités : ou bien il joue sa case de gauche « A » mais la graine est aussitôt prise par Nord ; ou bien il joue sa case de droite « F » mais cela ne fait que reculer l'obstacle, car il donne des graines dans le camp de Nord qui va les

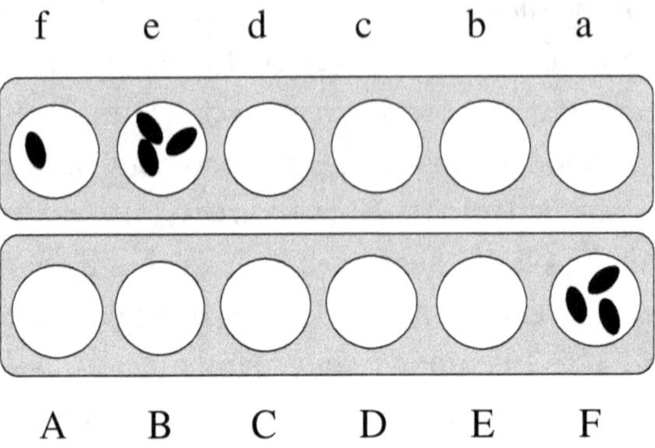

Figure 3.12 – Une situation de « piège » où Nord prend deux graines.

jouer en attendant que Sud joue sa case de gauche. Dans tous les cas, l'expert ivoirien a raison : le piège conduit Nord à prendre deux graines. Sud doit jouer « A » (car jouer « F » ne fait que retarder d'un coup l'obligation de jouer « A »), et Nord joue « e », ce qui lui permet de capturer deux graines en « B » et conduit à la situation (3) :

$$1\ 0\ 0\ 0\ 0\ 0 \qquad\qquad (3)$$
$$1\ 0\ 0\ 0\ 0\ 3.$$

Les travaux de Jean Retschitzski montrent que les joueurs d'awélé mettent en œuvre des processus cognitifs complexes, constitués pour une part de connaissances mémorisées en accumulant les expériences, mais aussi de raisonnements de type déductif appliqués à ces connaissances :

> « Ces joueurs adultes sont parfaitement capables de raisonnement de type hypothético-déductif. Ce résultat mérite d'être souligné car, même si cette capacité semble nécessaire pour être à même de résoudre les différents problèmes de la vie au niveau d'une communauté (interactions sociales, organisation des productions, etc.), peu d'études expérimentales dans des pays en voie de développement ont permis de mettre en évidence des raisonnements de type formel[21]. »

Il existe plusieurs similitudes entre les configurations analysées par l'expert ivoirien et celles que nous avons étudiées dans les sections précédentes. Tout d'abord, l'analyse permettant d'anticiper (2) à partir de la situation (1) ressemble aux « mouvements lents » définis par Bennett.

Ensuite, la situation de piège (2) est très proche d'une position déterministe au sens de Broline et Loeb, à ceci près que Nord et Sud sont inversés et que Sud a trois graines supplémentaires à droite (mais cela ne fait que retarder la logique d'enchaînement des coups, comme on l'a vu). D'une manière plus générale, les positions déterministes se conforment précisément aux critères définissant les « pièges » au sens de Retschitzski. Elles en constituent une sorte de sous-classe particulière.

La position déterministe la plus proche de (2) (sans compter les trois graines à droite) est celle correspondant à $s = 4$ dans le tableau 3.6 ci-dessus :

1 3 0 0 0 0   (2*bis*)
0 1 0 0 0 3.

Nord aurait joué « e » (et non pas « f » comme dans la situation de l'expert ivoirien), ce qui aurait conduit au même gain, c'est-à-dire une capture de deux graines en « B ».

La principale différence vient de ce que dans la situation de l'expert ivoirien (2), l'analyse ne peut être réitérée à l'étape suivante (3). Autrement dit, elle n'est pas *récursive*. En effet, dans la situation (3) avec trait à Sud, celui-ci peut déplacer sa graine de gauche, et Nord ne pourra plus la capturer. La position déterministe correspondante aurait été (toujours sans compter les trois graines à droite) :

2 0 0 0 0 0   (3*bis*)
1 0 0 0 0 3,

où Sud aurait été obligé de jouer « A » (soit immédiatement, soit après avoir joué « F »), puis Nord aurait effectué une deuxième capture, conformément aux enchaînements de coups analysés par Broline et Loeb. Notons que cette situation (*3bis*) est aussi celle du groupe de marche à trois graines 2 1 analysé par Bennett.

Il reste, pour conclure, à comparer sur un plan plus général les raisonnements des joueurs, tels qu'ils apparaissent dans les exemples étudiés par Retschitzski, à ceux des mathématiciens présentés dans les sections précédentes. Chez ces derniers, le raisonnement comportait trois aspects :

(a) repérer des *classes générales* de configurations,

(b) prévoir *par déduction* l'évolution du jeu déterminée par ces configurations,

(c) montrer que cette prévision est *de portée générale*, c'est-à-dire qu'elle est valable pour toutes les configurations d'une classe quelle que soit leur taille (ou, ce qui est équivalent, que le raisonnement *ne dépend pas* du nombre de graines des configurations).

Par exemple, l'analyse de Bouchet-Bruhn met en évidence la classe des *groupes de marche augmentés*. Elle montre que les configurations de cette classe reviennent dans leur état initial après plusieurs semis de la case de gauche, autrement dit qu'elles évoluent de façon périodique. De plus, ce résultat est indépendant du nombre de graines de la configuration. Ce point mérite d'être souligné, car même si le tablier de l'awélé est borné, ce qui rend les configurations avec un grand nombre de graines sans intérêt dans la pratique, le fait de montrer que l'argumentation ne dépend pas du nombre de graines prouve qu'il s'agit d'une explication d'ordre *structurel* et non seulement d'un constat lié à un concours particulier de circonstances.

Chez les joueurs ivoiriens, les deux premiers aspects du raisonnement sont attestés dans les exemples que nous avons présentés plus haut :

(a) L'existence de classes générales est illustrée de plusieurs manières, par les *fins de partie canoniques* ou les *pièges*.

De plus, les premières définissent une classe potentiellement infinie (suites de uns consécutifs dans chaque camp), si l'on considère que les deux rangées du tablier ont un nombre illimité de cases.

(b) La possibilité de prévoir l'évolution du jeu à partir d'éléments de ces classes apparaît également dans le discours des experts. Et il est important de noter qu'elle ne repose pas sur l'enchaînement de coups mémorisés, mais bien sur une argumentation procédant par déduction.

Le point qui semble distinguer l'approche des experts de celle des mathématiciens est le troisième (c). Pour autant qu'on puisse en juger, les experts ne formulent pas d'explication portant sur la structure des configurations indépendamment de leur taille. Il y a bien un effort pour mettre en évidence des caractères généraux, comme le fait qu'une fin de partie canonique conduise ou non à un piège. Et les experts tentent de classer les fins de partie selon ce critère. Mais ils procèdent plutôt par énumération de tous les cas que par un raisonnement applicable au cas général.

En fin de compte, comment peut-on caractériser une « ethnomathématique de l'awélé » ? On voit qu'il est possible de mettre en relation le raisonnement des experts indigènes d'une part, et celui de mathématiciens s'intéressant au jeu de l'autre. Le prolongement naturel de cette approche consisterait, dans une perspective plus large, à formaliser les raisonnements des premiers de la même manière que le font les seconds. Cela reviendrait à donner une définition formelle des classes de configurations de graines sur lesquelles ils raisonnent (fins de partie canoniques, pièges ou autres), à expliciter l'articulation logique des déductions auxquelles ils procèdent à partir de ces configurations pour prévoir l'évolution du jeu, et le cas échéant, à évaluer dans quelle mesure ils sont conscients que leur argumentation repose sur des propriétés structurelles indépendantes de la taille des configurations envisagées. Grâce à ce type d'analyse, sur le thème de l'awélé comme sur d'autres sujets de même nature, on peut dépasser la simple description mathématique « hors contexte », et aborder la dimension véritablement « ethnomathématique » du problème.

envisagées. Grâce à ce type d'analyse, sur le thème de l'awélé comme sur d'autres sujets de même nature, on peut dépasser la simple description mathématique « hors contexte », et aborder la dimension véritablement « ethnomathématique » du problème.

CHAPITRE 4

Musique (1) :
rythmes asymétriques

Dans la tradition musicale savante occidentale – cela vaut aussi pour les traditions savantes non occidentales, par exemple en Chine – la musique a toujours été associée aux mathématiques. En revanche, dans les sociétés dépourvues d'écriture, cette association semble plus surprenante. Cependant, il existe des répertoires musicaux issus de sociétés de tradition orale où l'on peut mettre en évidence des structures musicales complexes comparables à des constructions mathématiques. Ces exemples ouvrent un champ d'étude nouveau et important aux recherches en ethnomathématiques, qui ont porté jusqu'à présent plutôt sur les arts visuels, analysant la symétrie de figures ornementales et la topologie de tracés linéaires, ces propriétés formelles étant plus « visibles » que les propriétés par essence « invisibles » de la musique.

Parmi les idées musicales, une partie en effet ressemble à des idées mathématiques. Elles concernent plus particulièrement les formes et les structures musicales, et la ressemblance tient au fait que des opérations de type mathématique leur sont applicables. Prenons, par exemple, le cas des rythmes asymétriques *aksak* très répandus en Europe centrale, constitués de durées de deux et trois unités. C'est le cas du rythme turc transcrit en notation solfégique figure 4.1. Il se compose de croches dont certaines sont accentuées par les frappements d'un instru-

Figure 4.1 – *Rythme asymétrique turc 2223.*

ment de percussion qui introduit un groupement de ces croches par deux ou trois. On peut ainsi noter ce rythme comme une séquence de chiffres, soit 2223.

De tels rythmes se prêtent à une opération mathématique simple qui est l'énumération. On peut en effet *compter* les combinaisons obtenues selon ce principe, c'est-à-dire toutes les séquences possibles de 2 et de 3. C'est ce que fait Constantin Brailoiu dans un article célèbre paru dans la *Revue de musicologie*[1]. Il commence par énumérer toutes les combinaisons obtenues avec deux chiffres : 22, 23, 32, 33, puis avec trois chiffres : 222, 223, 232, 322, 233, 323, 332, 333, et ainsi de suite jusqu'à neuf chiffres. Il obtient un tableau de 1884 séquences rythmiques distinctes. L'énumération est un exemple simple d'opération mathématique applicable à certaines structures musicales.

La musique dans les sociétés de tradition orale peut ainsi contribuer à la mise en évidence de représentations mathématiques. La situation est plus complexe que dans le cas des arts visuels étudiés au chapitre 2, en raison de l'absence de trace laissée par les productions musicales. Pour mettre en évidence des représentations mathématiques sous-jacentes, on est contraint de noter une trace visuelle de l'activité musicale (partition solfégique, sonagramme, etc.), comme on le fait habituellement en ethnomusicologie[2]. Cela dit, quels que soient leurs aspects visuels ou sonores, ces deux formes d'activités ont en commun d'être des *activités motrices*. C'est évident pour la musique instrumentale ; le cas de la musique vocale est un peu différent car elle mobilise le corps d'une manière plus intime[3]. On a vu que les représentations mathématiques des dessins sur le sable étaient directement liées à un geste, consistant à tracer un sillon sur le sable. Elles dépendaient finalement moins de la trace de ce geste – le dessin – que du geste lui-même : ne pas lever le doigt et ne pas repasser sur un segment déjà tracé.

Les exemples musicaux traités ici présentent certaines analogies. Par exemple, on étudiera dans ce chapitre des cellules rythmiques très caractéristiques des musiques traditionnelles africaines, constituées de durées de deux et trois unités, analogues aux rythmes *aksak*, mais d'une conception très différente. Nos analyses s'appuieront sur une représentation de ces cellules rythmiques en cercle, qui permet de traduire visuellement le fait qu'elles sont répétées indéfiniment en boucle. Mais ces cellules sont également liées étroitement à un geste. Lorsqu'elles sont jouées par un batteur qui frappe sur une poutre (comme on en verra un exemple plus loin avec le *zoboko*), celui-ci « monnaie » les durées de deux et trois unités contre des croches égales, comme on l'a vu pour le rythme turc. Cela signifie qu'il les divise en durées plus petites égales à l'unité (la croche), et qu'il groupe celles-ci par deux ou trois pour matérialiser les durées voulues. Concrètement, il frappe des coups réguliers en alternant les deux mains, mais il accentue certains coups plus que les autres, un sur deux ou trois selon le cas. Ainsi, le rythme 22323 sera joué très naturellement en faisant alterner les deux baguettes gauche et droite selon la succession *g d* + *g d* + *g d d* + *g d* + *g d d* (l'accent est alors joué par la main gauche notée *g*). Comme pour les dessins vanuatu, les propriétés mathématiques étudiées ici dépendent plus d'un geste que de la trace sonore de ce geste, ces propriétés étant d'ailleurs difficilement audibles, comme on pourra s'en rendre compte.

DES SÉRIES INÉGALES
DE DEUX SÉPARÉS PAR DES TROIS

Notre premier exemple sera emprunté aux Pygmées Aka, un peuple de chasseurs-cueilleurs vivant dans la forêt tropicale, au sud-ouest de la République centrafricaine, dans la vallée de la rivière Lobaye. Cet exemple est tiré du cédérom réalisé par l'équipe de Simha Arom intitulé *Pygmées Aka. Peuple et musique*. Il s'agit d'une polyphonie vocale à quatre parties, soutenue par un soubassement polyrythmique. Cet accompagnement est très élaboré, il est joué par de nombreux instruments de percussions. Dans le tissu sonore complexe qui s'en dégage, une écoute attentive permet de percevoir une certaine structure rythmique particulière, jouée par des lames entrechoquées de machettes en fer, qui émerge discrètement de l'enchevêtrement des parties frappées par les autres instruments tout en restant un peu cachée (figure 4.2).

Cette séquence a une propriété intéressante, qui se traduit par une espèce de décalage causé par des petites valeurs (les croches) insérées dans une succession d'attaques à l'apparence plutôt régulière (les noires). La durée de cette petite valeur est *grosso modo* la moitié de la durée des autres et, si on la regroupe avec celle qui la suit immédiatement, elles forment toutes deux un groupe de trois unités (les noires pointées ajoutées sous la séquence, figure 4.2). On a ainsi des durées de

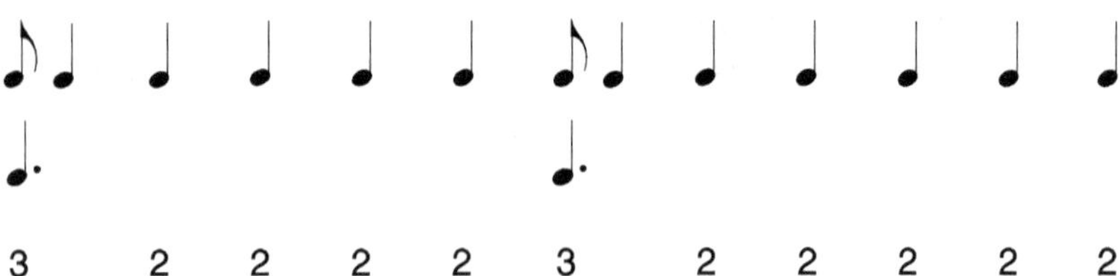

Figure 4.2 – *Partie jouée par des lames entrechoquées de machettes en fer.*

trois unités, qui sont insérées dans des séries de durées de deux unités. Si l'on regarde comment sont réparties les durées de deux unités, on observe là aussi une irrégularité, car elles sont groupées par quatre d'un côté et par cinq de l'autre, la même alternance étant reproduite indéfiniment. Ces cellules rythmiques très particulières ont été mises en évidence par l'ethnomusicologue Simha Arom. Elles sont extrêmement fréquentes dans cette région d'Afrique, on en trouve différents modèles regroupés dans le tableau ci-après avec les populations qui pratiquent ces rythmes (tableau 4.1).

Tableau 4.1. Inventaire des rythmes asymétriques
avec deux durées de trois unités

3 3 2	Zandé
3 2 3 2 2	Aka, Gbaya, Nzakara
3 2 2 3 2 2 2	Gbaya, Ngbaka
3 2 2 2 3 2 2 2 2	*non utilisé*
3 2 2 2 2 3 2 2 2 2 2	Aka

Le modèle observé chez les Pygmées Aka comporte quatre durées de deux unités d'un côté et cinq de l'autre. Dans la musique de harpe des Nzakara de République centrafricaine, qui sera étudiée au chapitre suivant, les formules de la catégorie *gitangi* sont fondées sur une cellule rythmique du même type, dont les durées de deux unités sont réparties en deux séries comportant un et deux éléments respectivement. On trouve ce modèle également chez les Pygmées Aka, et chez les Gbaya du nord-ouest de la République centrafricaine. Comme précédemment, les durées de deux unités sont placées de telle sorte qu'il y en a une de plus d'un côté que de l'autre, en constituant deux séries inégales. Simha Arom a également observé un autre rythme appartenant à la même famille chez les Zandé, dans la danse du *kponingbo*, le grand xylophone posé sur troncs de

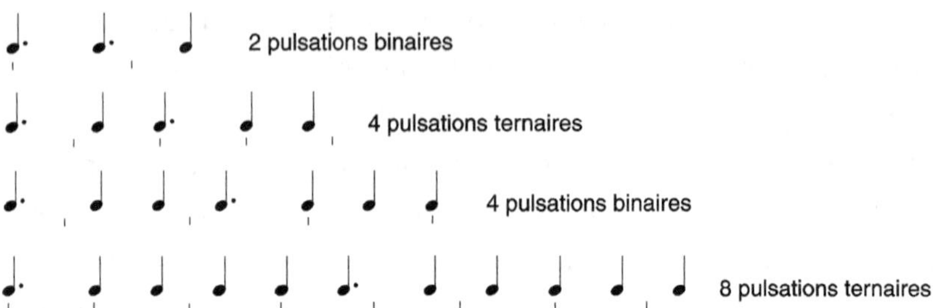

Figure 4.3 – *Notation solfégique des rythmes avec deux durées de trois unités et pulsation associée.*

bananiers. Enfin, on trouve un quatrième modèle présent à la fois chez les Gbaya, et dans un répertoire de harpe des Ngbaka[4].

Le tableau 4.1 fait apparaître une construction régulière, en forme de pyramide, avec une colonne de trois et une diagonale de trois qui descend vers la droite. Mais on constate une anomalie due au fait que l'une des formules n'est pas utilisée. Pourquoi en effet ne trouve-t-on pas dans les différents répertoires de la région le rythme dont les durées de deux unités sont réparties en groupes de trois et quatre éléments ?

Pour expliquer cette anomalie, il faut introduire une propriété caractéristique de ces cellules rythmiques africaines, à savoir qu'elles sont toujours associées à une pulsation régulière. Ce trait les distingue radicalement des rythmes *aksak* qu'on trouve en Europe, qui sont eux fondamentalement asymétriques par nature et ne peuvent être accompagnés par un battement régulier. Les rythmes africains sont asymétriques en apparence, mais s'appuient sur une pulsation régulière sous-entendue (mais qui peut être matérialisée, le cas échéant, par des battements réguliers).

Comment se positionne cette pulsation régulière par rapport à la cellule rythmique ? Pour le faire apparaître, traduisons ces rythmes en notation solfégique (figure 4.3). Dans le premier cas, on a deux pulsations qui se subdivisent de façon binaire (quatre divisions chacune). Dans le cas suivant, on a quatre pulsations qui se subdivisent de façon ternaire (trois divisions, la pulsation étant équivalente à une noire pointée). Le rythme suivant a encore quatre pulsations, mais cette fois avec une subdivision binaire (en quatre). Enfin, le dernier rythme comporte huit pulsations ternaires (divisées en trois).

Une nouvelle régularité apparaît alors dans le nombre de pulsations prises en compte. On obtient la succession de valeurs deux, quatre, huit, c'est-à-dire une suite géométrique de raison deux. Ainsi, on met en évidence un trait caractéristique des formules rythmiques en usage dans la région, selon lequel la somme totale des durées présentes dans la séquence est toujours de type 2^a (en rythme binaire) ou $2^a \times 3$ (en rythme ternaire), ce qui donne les valeurs huit, douze, seize, ou vingt-quatre. On peut ainsi expliquer pourquoi l'un des rythmes asymétriques du tableau précédent n'est pas utilisé. La somme de ses durées est égale à vingt et ne rentre donc pas dans la série ci-dessus.

PROPRIÉTÉ DE L'IMPARITÉ RYTHMIQUE

Ces petites cellules rythmiques ont une propriété intéressante du point de vue mathématique, que Simha Arom a mise en évidence en l'appelant *l'imparité rythmique*. Le rythme étant joué en boucle, on peut placer ses éléments sur un cercle. Les durées de trois unités apparaissent alors face à face, en haut et en bas, légèrement décalées l'une par rapport à l'autre, avec une série de deux qui les sépare de chaque côté. Si l'on essaie de couper le cercle en deux comme une orange, on s'aperçoit qu'on ne peut le faire en deux parties de mêmes durées, car il manque une unité. Et ce qui est très remarquable, c'est que tous les points de partage conduisent au même constat : il manque toujours une unité pour que le découpage définisse deux parties égales. C'est cette propriété que Simha Arom appelle l'« imparité rythmique », pour souligner que les deux parties de la

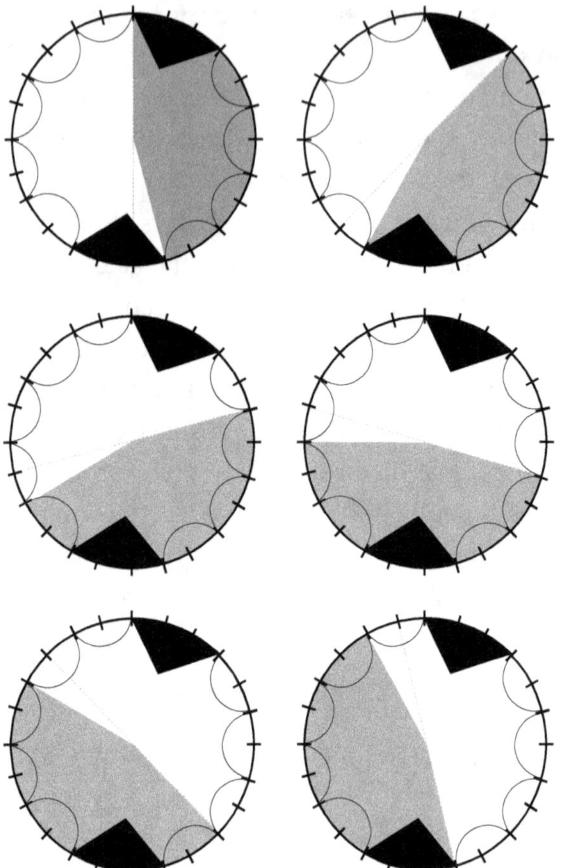

Figure 4.4 – La séquence rythmique 32222322222 représentée sur un cercle.
L'« imparité rythmique » exprime l'impossibilité de couper le cercle
en deux parties de même durée[5].

cellule sont intrinsèquement dissymétriques. Il n'existe aucun point par lequel on puisse découper la formule en deux parties de même durée, tout découpage définit deux durées inégales, « moitié moins un » d'un côté, « moitié plus un » de l'autre[6].

Abordons maintenant un problème combinatoire. Existe-t-il d'autres manières de répartir les deux et les trois sur le cercle pour créer des séquences vérifiant l'imparité rythmique ? On reprend un cercle de vingt-quatre unités et l'on essaie de placer

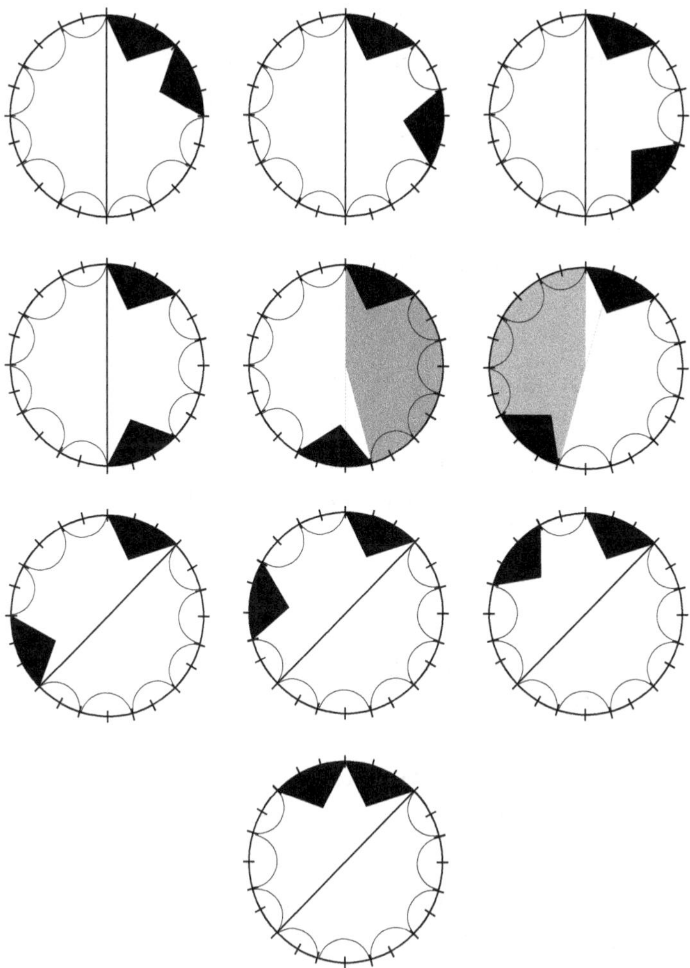

Figure 4.5 – Recherche des positions des éléments de trois unités sur le cercle, pour obtenir l'imparité rythmique[7].

deux éléments de longueur trois en complétant le cercle par des éléments de longueur deux. Si les trois sont placés côte à côte, il est évident que le cercle se coupe en deux parties égales. En déplaçant l'un des éléments de longueur trois un rang plus loin (en le permutant avec un deux), on voit que le cercle se scinde de nouveau. On constate que c'est également le cas pour toutes les positions suivantes dans la partie droite du cercle, jusqu'à celle qui se trouve en bas, presque en face de l'autre.

Cette position correspond à la séquence rythmique des Pygmées Aka. Si l'on décale ensuite le trois d'un rang supplémentaire, on obtient de nouveau la propriété d'asymétrie voulue, mais on s'aperçoit que cette séquence est la même que la précédente, à une permutation circulaire près (il suffit de regarder le cercle en penchant la tête vers la gauche : les groupes de deux ont été permutés). Au-delà de ce point, toutes les positions restantes donneront un cercle divisible en deux parties de même durée. On voit donc qu'il n'existe qu'une seule manière de placer les deux éléments de longueur trois pour obtenir la propriété d'imparité rythmique : face à face et légèrement décalés.

RYTHMES ASYMÉTRIQUES
AVEC PLUS DE DEUX ÉLÉMENTS DE LONGUEUR TROIS

Nous allons poursuivre cette exploration, en nous interrogeant sur la possibilité de placer plus d'éléments de longueur trois dans une séquence vérifiant l'imparité rythmique. Notons qu'il en faut un nombre pair, car dans le cas contraire, le cercle ne peut être coupé en deux et la propriété n'a plus de sens. Nous allons essayer d'en placer quatre, en les disposant dans une configuration la plus dissymétrique possible. Dans l'exemple proposé (figure 4.6), on voit que le découpage à partir du point situé en haut du cercle ne donne pas deux parties égales. Mais qu'en est-il des autres points ? À ce stade, on peut faire un petit raisonnement fondé sur un principe célèbre de mathématiques combinatoires appelé « principe de la cage à pigeons » ou « principe des tiroirs de Dirichlet ». Ce principe est élémentaire dans son énoncé, mais il a donné naissance à toute une famille de résultats fascinants connus sous le nom de *théorie de Ramsey*, en souvenir du mathématicien de Cambridge Frank

P. Ramsey (1903-1930). L'idée est la suivante : quand on essaie de répartir des boules dans des boîtes, si l'on veut mettre dix boules dans quatre boîtes, on peut affirmer que l'une d'elles en contient nécessairement trois. Autrement dit, certaines contraintes combinatoires apparaissent quand on distribue des objets dans des cases. En réalité, ce résultat est évident si on le considère négativement : on ne peut distribuer plus de huit boules dans les quatre boîtes, si chacune ne contient que deux boules au plus.

Revenons à notre exemple de cercle avec quatre éléments de longueur trois. Quand on essaie de couper le cercle en deux, si l'on a moins de la moitié des éléments de longueur trois d'un côté, alors on en a obligatoirement plus de la moitié de l'autre. On déplace ensuite le point de découpage en se décalant à chaque fois d'un rang. Si l'on perd un élément d'un côté (de longueur deux ou trois), on en gagne un de l'autre. Donc le nombre de trois dans la partie droite du cercle va évoluer au cours de ce processus, soit en restant égal à lui-même, soit en augmentant d'un élément, soit en diminuant d'un élément selon que l'on gagne ou que l'on perd un trois. Après un certain nombre d'itérations, ce côté droit du cercle viendra recouvrir la partie complémentaire à gauche. Le nombre de trois passera ainsi de un – nombre de trois à droite dans la position de départ – à trois – nombre de trois à gauche –, en ne prenant que des valeurs consécutives, donc en passant nécessairement par une position intermédiaire où il prend la valeur deux. À ce stade, il y aura autant de trois d'un côté que de l'autre, et comme les éléments de longueur deux sont également en nombre pair, cette position intermédiaire correspond à une division du cercle en deux parties égales. Ce raisonnement montre que si les nombres d'éléments de longueur deux et trois sont simultanément pairs, alors il existe nécessairement un point d'équilibre sur le cercle où les deux et les trois sont répartis équitablement des deux côtés.

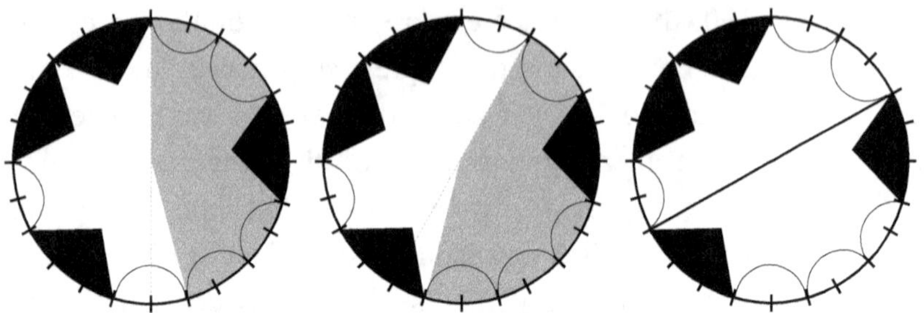

Figure 4.6 – *Tentative infructueuse d'obtenir l'imparité rythmique en plaçant quatre éléments de durée trois.*

D'une façon plus générale, combien de séquences vérifient la propriété d'imparité rythmique ? Nous présenterons plus loin une construction mathématique qui permet de les obtenir toutes. Mais contentons-nous pour le moment de regrouper les résultats dans le tableau 4.2. On constate alors qu'elles sont plutôt rares, si on se restreint aux petites valeurs du nombre d'unités sur le cercle (jusqu'à vingt-quatre). Cela signifie qu'en mélangeant au hasard des durées de deux et trois unités, on a peu de chances d'obtenir la propriété voulue d'asymétrie.

Le tableau 4.2 indique quelles sont les populations de République centrafricaine qui pratiquent ces rythmes. Avec deux durées de trois unités, on observe que tous les rythmes possibles sont attestés dans les répertoires de la région. Chaque fois, les durées de deux unités sont réparties en groupes dissymétriques, avec un élément de plus d'un côté que de l'autre. Avec quatre éléments de longueur trois, sur un cercle divisé en seize ou vingt-quatre unités, le nombre d'éléments de longueur deux ne peut être que pair. Or on a vu qu'il était impossible d'obtenir un rythme vérifiant l'imparité rythmique dans ce cas. Les dernières séquences sont des rythmes avec six éléments de longueur trois. On constate qu'il existe trois séquences de ce type, dont deux ne représentent qu'une seule et même succession de deux et de trois, mais lue dans les deux sens, de la gauche vers la droite, et en sens contraire, qu'on appelle aussi en musique sens « rétrograde ».

Tableau 4.2. Calcul de tous les rythmes vérifiant l'imparité rythmique,
et populations utilisant ces rythmes

Nombre de 3	Somme	Rythme	Groupe ethnique
2	8	332	Zandé
	12	32322	Aka, Gbaya, Nzakara
	16	3223222	Gbaya, Ngbaka
	24	32222322222	Aka
4	16, 24	impossible	
6	24	333233322	*non utilisé*
	24	333233232	Aka (*mokongo*)
	24	333232332	rétrograde de la précédente

En fin de compte, le tableau 4.2 montre que tous les rythmes sont utilisés sauf un, à savoir la séquence 333233322.
L'autre séquence à six éléments de longueur trois est utilisée
sous sa forme 333233232 par les Pygmées Aka. Elle est appelée
mokongo, et intervient dans le rituel du *zoboko* effectué la veille
d'une grande chasse. On la frappe sur une poutre de bois à
coups réguliers, dont certains sont marqués par des accents qui
créent la succession de deux et de trois propres à la formule,
selon le principe du « monnayage » exposé au début de ce chapitre. Elle est associée en contrepoint à l'autre formule du cercle
de vingt-quatre unités, comportant deux éléments de longueur
trois, qui est jouée sur le *diketo*, c'est-à-dire des lames en fer.

Du point de vue de la perception, il faut noter que ce
rythme est joué sur un tempo rapide. La propriété d'imparité
rythmique affirme qu'on ne peut couper la séquence en deux
parties de même durée. Toute division donne deux moitiés iné-

Figure 4.7 – Le rythme mokongo *avec six durées de trois unités.*

gales qui ne diffèrent que par une petite croche dans la transcription figure 4.7. Or au tempo sur lequel est jouée cette formule, la croche apparaît comme une durée extrêmement brève. La question reste ouverte de savoir quels sont les facteurs qui peuvent expliquer, sur le plan de la perception, l'apparition de telles dissymétries fondées sur une valeur aussi petite.

CONSTRUCTION DES RYTHMES
VÉRIFIANT L'IMPARITÉ RYTHMIQUE

Il est possible de construire mathématiquement tous les rythmes satisfaisant la propriété d'imparité rythmique[8]. Cette construction présente l'intérêt de faire apparaître, comme on va le voir, le caractère « impair » de ces rythmes, tel qu'il est mis en avant dans la terminologie « imparité rythmique » adoptée par Simha Arom.

Le cadre mathématique dans lequel cette construction peut s'exprimer naturellement est celui de la *combinatoire des mots*. Il s'est développé dans le prolongement des travaux de Marcel-Paul Schützenberger (1920-1996), fondateur de l'école française d'informatique théorique. Les objets étudiés sont des *mots*, c'est-à-dire des séquences d'éléments pris dans un ensemble appelé alphabet. Les problèmes abordés, de nature combinatoire, touchent à l'apparition de répétitions dans ces mots, à leur décomposition en mots plus courts vérifiant certaines conditions, ou au réarrangement de lettres. Cette théorie prolonge d'autres domaines mathématiques où les mots sont également les objets principaux d'étude, comme la théorie des langages formels et des automates. Parmi les anciens élèves de Schützenberger, un groupe de chercheurs a entrepris depuis une vingtaine d'années de publier, sous le pseudonyme collectif M. Lothaire, une série d'ouvrages présentant les fondements de cette théorie[9].

Dans ce contexte, le terme « mot » a un sens purement formel. Il ne désigne pas les mots d'un dictionnaire, par exemple, c'est-à-dire des suites de symboles ayant une signification particulière. Au contraire, tout arrangement linéaire de lettres peut être considéré formellement comme un mot. Cela dit, cette approche a de nombreuses applications dans les domaines où apparaissent des objets répartis linéairement, qui ont alors une signification bien précise. C'est le cas en linguistique, par exemple, car les phrases d'une langue naturelle sont organisées selon ce type de structure séquentielle. C'est le cas également en musique. Les séquences musicales peuvent être étudiées comme des mots dans ce sens abstrait. Une telle manière de voir permet de mettre en œuvre de puissants concepts empruntés à la combinatoire des mots, et de découvrir des modèles efficaces expliquant certains phénomènes musicaux. J'avais suivi cette voie dans ma thèse de doctorat soutenue à l'université Paris-VII à la fin des années 1980 sous la direction de Dominique Perrin, l'un des membres fondateurs du groupe Lothaire[10]. Les musiques de tradition orale, entre autres, sont un domaine d'application particulièrement fécond pour ce type de méthode. La construction des rythmes asymétriques en est un exemple.

Une séquence rythmique formée de durées de deux ou trois unités peut être considérée comme un mot sur l'alphabet $\{2, 3\}$ au sens de la théorie des langages formels. Pour calculer de façon systématique tous les mots vérifiant l'imparité rythmique, l'idée est d'introduire deux transformations notées a et b qui opèrent sur des couples de mots.

La première transformation a consiste à ajouter un trois devant chacun des deux mots (figure 4.8). Par exemple, pour les

$$a$$

$$u \longrightarrow 3u$$

$$v \longrightarrow 3v$$

Figure 4.8 – La transformation a.

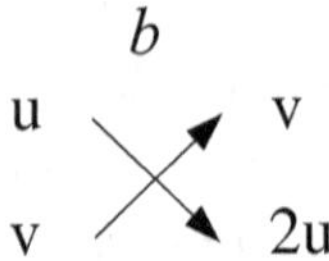

Figure 4.9 – La transformation b.

mots 332 et 222, le résultat obtenu par application de *a* est 3332 et 3222.

La deuxième transformation *b* permute les deux mots du couple et ajoute un deux devant le second (voir figure 4.9). Pour le couple 332 et 222 ci-dessus, le résultat de l'application de *b* est 222 et 2332.

Avec Charlotte Truchet, chercheuse à l'université de Nantes, nous avons montré que les séquences vérifiant l'imparité rythmique sont exactement celles que l'on fabrique en mettant bout à bout deux mots *u* et *v* obtenus en appliquant un nombre quelconque de fois les transformations *a* et *b* à partir du mot vide, *à condition que* b *soit appliquée un nombre impair de fois.* Par exemple, la suite de transformations *abbb* (avec trois *b*) conduit au mot 32322, comme on peut le vérifier étape par étape sur la figure 4.10. Les deux mots obtenus 32 et 322 mis bout à bout donnent 32322, c'est-à-dire une séquence vérifiant la propriété d'imparité rythmique.

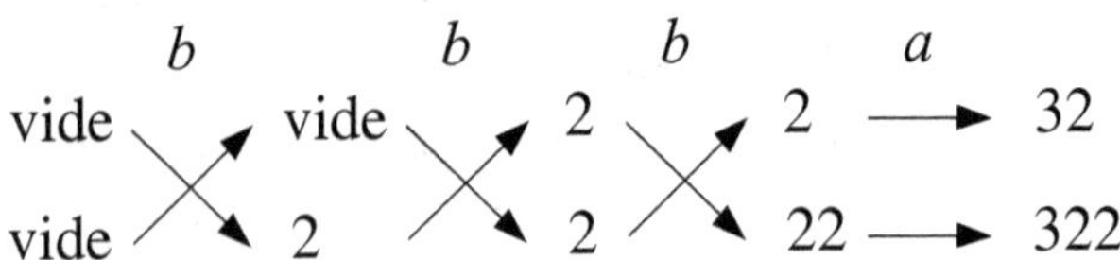

Figure 4.10 – Construction du rythme asymétrique 32322
avec les transformations a *et* b.

En ramenant la construction à des combinaisons de *a* et de *b*, on met en évidence un critère particulièrement simple pour distinguer les séquences vérifiant l'imparité rythmique des autres. En effet, il suffit de vérifier que le nombre de *b* est impair. Les raisons qui expliquent le fonctionnement de cette construction, bien qu'elles puissent être explicitées par une démonstration rigoureuse, gardent une partie de leur mystère[11].

Tableau 4.3. *Combinaison des transformations* a *et* b
donnant les rythmes asymétriques

Nombre de 3	Somme	Transformation	Rythme
2	8	*ab*	332
	12	*abbb*	32322
	16	*abbbbb*	3223222
	24	*abbbbbbbbb*	32222322222
6	24	*aaabbb*	333233322 *non utilisé*
	24	*aababb*	333233232
	24	*aabbab*	333232332

Le rythme *mokongo* des Pygmées Aka, par exemple, qui s'écrit 333233232, apparaît comme le résultat de la suite de transformations notée *aababb*. La figure 4.11 montre la décomposition de ce calcul (on applique d'abord la dernière transformation, puis l'avant-dernière, etc.). Les deux mots obtenus au terme de ces transformations successives sont 3332 et 33232. En les mettant bout à bout, on obtient 333233232, ce qui permet de retrouver la séquence *mokongo*. Notons que la transformation *b* est appliquée trois fois, c'est-à-dire un nombre impair, conformément à la condition nécessaire mise en évidence plus haut.

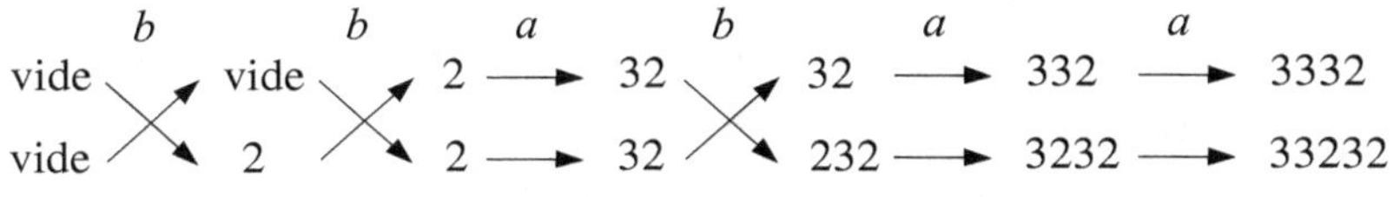

Figure 4.11 – *Reconstruction de la séquence* mokongo *333233232.*

On voit ce qui permet de donner une justification *a poste-riori* à l'expression « imparité rythmique ». Pour obtenir les rythmes vérifiant cette propriété, il faut que la transformation b soit appliquée un nombre impair de fois. Le nombre de 2 présents dans la séquence correspond exactement au nombre de fois où la transformation b a été appliquée puisque chaque application produit exactement un 2. Une conséquence immédiate de cette propriété est qu'il n'existe pas de séquences vérifiant l'imparité rythmique ayant un nombre pair de 2, résultat que l'on avait obtenu plus haut par un raisonnement direct, mais qui apparaît ici comme un corollaire de la construction.

Si l'on veut construire toutes les formules rythmiques possibles de petite longueur (pour des valeurs « réalistes » des nombres de durées de deux et trois unités), il suffit d'énumérer toutes les combinaisons des transformations a et b. En se limitant aux séquences dont la durée totale est huit, douze, seize ou vingt-quatre, pour des raisons qui ont été expliquées ci-dessus, on retrouve exactement les séquences énumérées précédemment (tableau 4.3).

Rachel Hall et Paul Klingsberg, du département de mathématiques de Saint Joseph's University à Philadelphie, ont étudié une généralisation de la propriété d'imparité rythmique à des séquences indivisibles non plus en deux, mais en un nombre quelconque de parties de mêmes durées[12]. Cette généralisation était mentionnée par Simha Arom dans son livre[13]. Leur approche élargit le problème à des rythmes qui ne sont plus seulement composés de durées de deux ou trois unités, mais incluent des durées quelconques. Ils donnent des formules mathématiques qui consistent à compter les rythmes de ce type, mais leur approche ne permet pas de les construire explicitement.

La caractérisation mathématique que nous avons donnée ci-dessus permet également de compter les séquences satisfaisant l'imparité rythmique en fonction des nombres d'éléments de longueur deux et trois apparaissant dans ces séquences. On a regroupé les valeurs obtenues dans un tableau, où le nombre de trois est en lignes, et le nombre de deux en colonnes.

Tableau 4.4. Nombre de rythmes vérifiant l'imparité rythmique

	1	3	5	7	9	11	13	15	17
2	1	1	1	1	1	1	1	1	1
4	1	2	3	4	5	6	7	8	9
6	1	4	7	12	19	26	35	47	57
8	1	5	14	30	55	91	140	204	285
10	1	7	26	66	143	273	476	776	1197
12	1	10	42	132	335	728	1428	2586	4389

Ce tableau fait apparaître une propriété mystérieuse dans la ligne correspondant aux séquences ayant huit éléments de longueur trois. Les différentes valeurs de cette ligne sont 1, puis $5 = 1 + 4$, puis $14 = 1 + 5 + 9$, puis $30 = 1 + 4 + 9 + 16$, etc., c'est-à-dire qu'elles forment *la suite des sommes des carrés*. Un raisonnement permet de montrer que cette propriété inattendue est une conséquence logique de la caractérisation ci-dessus. On retrouve ici une dimension fascinante des mathématiques, qui consiste à faire apparaître, *deus ex machina*, certaines notions ou certains nombres de façon complètement imprévisible.

L'énumération que nous avons effectuée montre que dans les répertoires musicaux de cette région d'Afrique centrale, il existe une grande concentration de rythmes vérifiant la propriété d'imparité rythmique, car comme on l'a vu, tous les rythmes de ce type sont utilisés sauf un. On est conduit à penser qu'il y a des raisons d'ordre cognitif qui expliquent l'apparition de ces formules rythmiques. Mais la question reste difficile à trancher en l'absence de discours des musiciens sur leur propre pratique. Ces structures rythmiques gardent leur secret sur le plan psychologique, parce qu'elles ne sont pas liées à des représentations mentales clairement repérables. Les régularités formelles mises en évidence ont été obtenues *in abstracto*, mais contrairement à un cristal en physique du solide, dont les régularités ne sont dues à rien d'autre qu'à lui-même, celles qui apparaissent dans les productions humaines demandent à être interprétées.

Comment interpréter les formes complexes qui apparaissent dans de nombreuses activités « artistiques » de sociétés de tradition orale ? Les traditions décoratives de plusieurs régions du monde s'exprimant dans le tissage ou la vannerie en sont un exemple. Pourquoi les gens des sociétés concernées recherchent particulièrement ces structures complexes ? Si l'on considère qu'elles ne peuvent être obtenues qu'au prix d'un effort particulier, la question posée est de savoir quelle est la finalité de cet effort. Qu'est-ce qui le justifie dans l'esprit des personnes concernées ?

Jean-Marie Schaeffer apporte un éclairage intéressant à cette question avec la théorie des « signaux coûteux », c'est-à-dire des productions de signaux qui prennent le contre-pied du principe d'économie régulant en général les activités vitales. Il affirme : « Comparées aux productions purement utilitaires, les productions "artistiques" se caractérisent elles aussi par un surplus de coût », et il replace cette idée dans le prolongement de la théorie biologique des signaux :

> « La signalisation coûteuse existe chez beaucoup d'espèces en tant que modalité de la sélection sexuelle : la roue du paon en est un bon exemple [...]. Dans certains cas, par exemple chez les mâles des oiseaux à berceaux, elle se traduit d'ailleurs sous la forme d'une activité proto-artistique : la construction de "berceaux", des architectures complexes à fonction purement ostentatoire[14]. »

Ainsi, les productions à visées esthétiques (non directement utilitaires) témoignent d'une sorte de « surplus » de complexité, une complexité qui paraît gratuite, en quelque sorte, mais dont l'obtention requiert de la part des artistes l'utilisation de moyens rationnels.

CHAPITRE 5

Musique (2) : formules de harpe en canon

La capacité qu'ont les opérations de type mathématique de métamorphoser les idées auxquelles elles s'appliquent, au point de les rendre méconnaissables, pose un problème particulier. Les mathématiques sont coutumières de ces coups de théâtre où deux idées apparemment éloignées s'avèrent finalement voisines parce qu'une série de métamorphoses les a rapprochées[1]. Pour illustrer cette notion avec un exemple élémentaire, considérons une équation comme $2x = 6$. Après simplification algébrique, elle se métamorphose en $x = 3$, et si ces deux formes sont équivalentes du point de vue logique (on divise ou on multiplie par 2 les membres de l'égalité), elles ne le sont pas du point de vue psychologique. La première est un *problème* (chercher x tel que), alors que la seconde en est une *solution*. La résolution d'une équation consiste à métamorphoser le problème initial jusqu'à obtenir une solution.

Dans ce chapitre, nous allons présenter un cas de structure musicale qui se métamorphose, c'est-à-dire qui peut être analysée selon deux constructions différentes, mais logiquement équivalentes. Notre problème est de déterminer laquelle des deux constructions est la plus pertinente du point de vue des musiciens autochtones. Dans quelle mesure les opérations mathématiques appliquées aux structures musicales ont une existence réelle dans l'esprit des gens qui conçoivent et jouent ces musiques ?

En transposant le problème dans un domaine classique de l'anthropologie, celui de la parenté, il revient à se demander dans quelle mesure les indigènes sont conscients des propriétés de leurs systèmes d'alliances matrimoniales. La notion mathématique de « groupe de permutations » décrivant ces systèmes dans les analyses structurales est évidemment inconsciente en tant que telle chez les indigènes qui pratiquent ces alliances. Mais cela ne veut pas dire qu'ils n'ont aucune conscience des propriétés de leurs systèmes. Lévi-Strauss rappelle à ce propos l'exemple de l'indigène d'Ambrym « qui savait démontrer à l'enquêteur le fonctionnement de ses règles de mariage et de son système de parenté en traçant un diagramme sur le sable[2] ». Cette aptitude des indigènes des îles Vanuatu[3] a donné lieu à une discussion célèbre opposant Lévi-Strauss à Sartre dans les dernières pages de *La Pensée sauvage*. Sartre affirmait que « cette construction n'est pas une pensée : c'est un travail manuel contrôlé par une connaissance synthétique qu'il n'exprime pas[4] », jugement par lequel le philosophe reprenait à son compte ce que Lévi-Strauss appelait « les illusions des théoriciens de la mentalité primitive ». C'est ce type de savoir qui nous intéresse ici : les créateurs de formes musicales sont-ils conscients des idées mathématiques qu'elles recèlent ? Nous présenterons la musique des harpistes Nzakara de République centrafricaine sur laquelle nous avons travaillé, qui fait apparaître un cas intéressant d'ambiguïté des représentations mentales associées à des formes musicales.

LA HARPE DANS L'ANCIEN ROYAUME NZAKARA

Les Nzakara sont apparentés aux Zandé par leur langue et leurs anciennes institutions politiques. Ces deux groupes occupent un territoire réparti entre la République centrafricaine, la république démocratique du Congo et le Soudan. À la différence des populations voisines de l'Ouest ou de l'Est, les Nzakara-Zandé formaient au XIXe siècle de véritables États, une demi-douzaine de royaumes zandé dans la partie est du pays, et trois royaumes à l'ouest sous l'autorité d'un même clan, les Bandia (deux d'entre eux étaient de langue zandé, l'autre de langue nzakara).

Dans ces sociétés jadis très structurées et centralisées, la harpe occupait une place essentielle. Le voyageur Schweinfurth l'avait bien remarqué lorsqu'il a parcouru le pays autour de 1870, s'extasiant de la passion des Zandé pour leur instrument et sa musique. Tout jeune homme est éduqué chez son oncle maternel dans un village voisin ou à la cour d'un prince, et s'essaie à la harpe. C'est un plaisir de « musiquer » entre amis. Certains, qui ont mémorisé quelque chant, deviendront des hommes à succès, c'est-à-dire de véritables poètes-harpistes. Ce rôle ne convient pas à un chef, qui peut jouer de la harpe pour son plaisir, mais ne chante pas.

Le vrai poète-harpiste est un maître de la parole. Il chante le soir devant ses proches et ses voisins, ou bien devant un chef ou un prince qui l'a invité à sa cour. Ces cours imposantes rassemblaient une population nombreuse. Tour à tour lyrique ou satirique, la parole du poète peut être dangereuse. Il faut savoir ne pas aller trop loin, car il risque parfois sa tête. Mais en sculptant une tête à l'extrémité du manche de l'instrument, on donne un responsable aux propos tenus par le chanteur-harpiste. Qui ira accuser une tête en bois ? Ainsi décorée, la harpe peut tout dire impunément, tout et son contraire. Le poète-harpiste est passé maître dans l'art de la satire, des critiques adressées aux oreilles princières ou royales, et du propos ambigu. Certains beaux exemplaires anciens, ornés de magnifiques têtes sculptées, sont conservés dans les musées.

La harpe est commune à toute l'aire nzakara-zandé, mais le répertoire nzakara est spécifique. Il a sans doute été emprunté à l'ancien clan dominant nzakara, les Vou-Kpata. Lorsque les

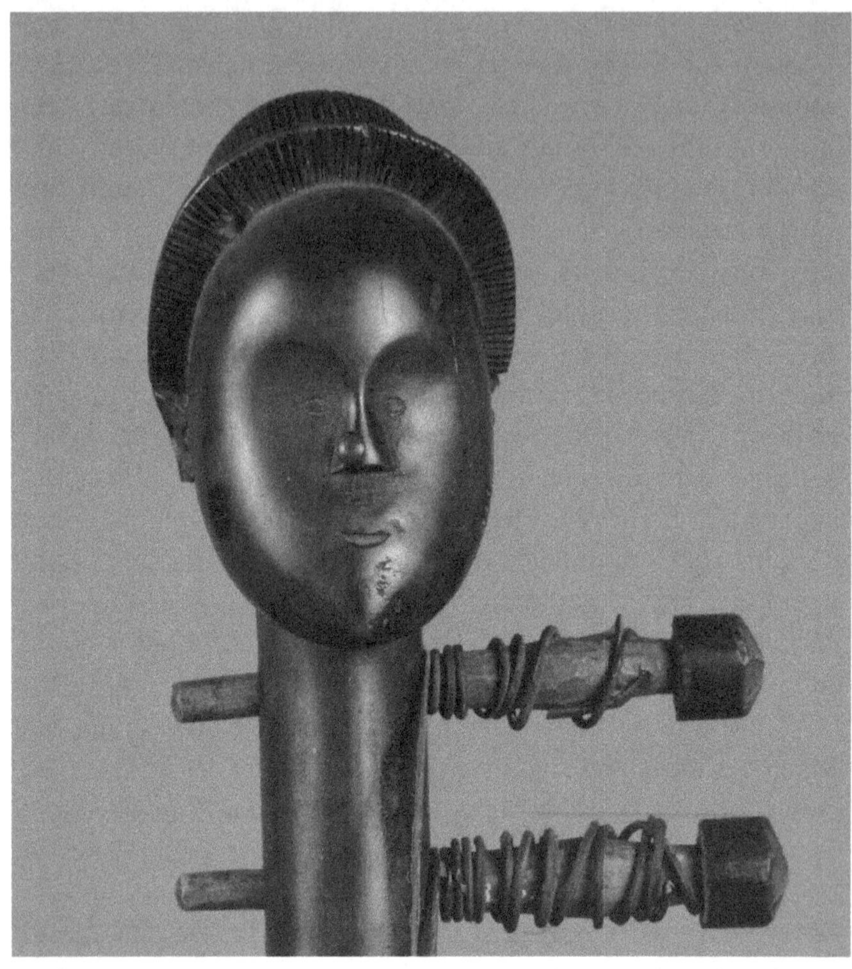

*Figure 5.1 – Une sculpture de tête sur le manche d'une harpe
(MO.1958.13.9 collection musée royal d'Afrique centrale de Tervuren,
© MSHO, Laboratoire UMR-7186).*

Bandia les ont supplantés au milieu du XVIIIe siècle, ils ont, en effet, adopté leur langue et leurs anciennes coutumes. Au début du XXe siècle, les Nzakara vivaient sous le règne du roi Bandia Bangassou (1878-1907). Deux décennies plus tard, en 1923, le roi nzakara n'était plus reconnu par les autorités coloniales et fut déporté à Bangui. Les anciennes traditions musicales largement tributaires de ces institutions politiques n'ont pas

Figure 5.2 – *Le chef Mada Nyalikawo joue de la harpe dans sa cour,*
en accompagnant l'une de ses épouses qui chante en frappant dans ses mains
(cliché Marc Chemillier, 1993).

survécu aux bouleversements qui ont suivi la colonisation, puis l'indépendance. En écho lointain à ces temps révolus, Mada Nyalikawo, l'un des grands chefs nzakara de lignage Bandia (vou-Bassian), jouait encore de la harpe dans les années 1990, comme on le voit ici accompagnant l'une de ses huit femmes qui chante en frappant dans ses mains (figure 5.2).

Ces anciennes traditions nzakara nous sont connues grâce aux travaux de l'ethnologue Éric de Dampierre (1928-1998). C'est en 1954 que celui-ci séjourna pour la première fois en pays nzakara-zandé, et cette date marqua un tournant décisif dans sa carrière. « Cette année-là, nous vécûmes sans débotter », écrivait-il dans *Un ancien royaume Bandia*[5]. À cette époque, le souvenir des anciennes traditions était encore vif, il se prit « de respect pour les mécanismes de cette vieille société zandé, d'affection pour ses guerriers politiques, ses poètes intrépides, ses sorciers et ses devins de haute volée ». Il revint au pays quasiment chaque année pendant près de trente-trois ans, soit jusqu'en 1987. Rares sont les ethnologues qui parviennent à ce niveau d'imprégnation de la société dans laquelle ils enquêtent. Cette connaissance lui avait valu sur place la réputation d'être la « personne au monde parlant le mieux la langue nzakara ».

Très vite, Éric de Dampierre fit un recensement des poètes, « un peu par hasard, un peu par vice[6] », dans le but principal de se familiariser avec la langue. Puis il entreprit de les enregistrer de manière systématique dans les années 1965 à 1970. Ainsi s'est constituée une riche collection d'enregistrements qui rend pleinement justice à leur art. Par la manière d'accorder l'instrument, les harpistes obtiennent des couleurs harmoniques profondément mélancoliques. La souplesse, la liberté, la mobilité de leur chant au débit souvent rapide en forme de récitatif, parfois truffé d'onomatopées et jouant avec les registres, fait penser à la fantaisie et à l'invention de solistes de jazz. L'habileté et le *swing* des harpistes se déploient dans la manière dont ils varient les formules instrumentales d'accompagnement, jouant de l'ambiguïté binaire/ternaire fréquente en Afrique, obtenant ainsi de subtiles métamorphoses. Les plus virtuoses combinent parfois la partie de harpe proprement dite avec une partie de percussion frappée par l'annulaire contre la caisse de l'instrument, ce qui requiert une grande indépendance des doigts.

Pour Éric de Dampierre, « jouer de la harpe vise au Beau musical ». Cette affirmation tranche avec la prudence parfois affichée par les ethnologues lorsqu'ils traitent de l'art des sociétés exotiques, pour éviter de plaquer sur ces sociétés notre propre rapport occidental à l'art. Lui n'hésite pas à affirmer : « L'art musical zandé et nzakara relève de l'esthétique musicale proprement dite[7]. » Cela ne veut pas dire que l'on a affaire à de « l'art pour l'art ». Pas plus que dans notre civilisation occidentale, le Beau n'est une catégorie isolée, détachée de tout contexte social, politique ou cognitif. Mais pour lui, le souci esthétique est incontestable dans la civilisation nzakara-zandé.

Le répertoire des poètes-harpistes nzakara est vaste : plusieurs dizaines de pièces. Dans les années 1990, quand j'ai effectué mes missions ethnomusicologiques, il n'était pas facile de s'en rendre compte sur le terrain. Alors que dans les années 1960, Éric de Dampierre avait baigné dans l'océan d'une tradition musicale encore très vivante, il ne restait trente ans plus tard qu'un désert où ne subsistaient que quelques « flaques » isolées, tant la tradition s'était asséchée. Bien sûr, j'ai rencontré quelques vieux Nzakara qui savaient encore jouer de la harpe, mais les maigres pièces dont ils se souvenaient ne donnaient qu'une idée vague de ce répertoire. Avec l'apport d'Éric de Dampierre, mon enquête a pris un tour très particulier. Les pièces que je collectais sur le terrain, je pouvais en retrouver la trace dans ses enregistrements des années 1960, et ainsi comprendre comment elles s'intégraient dans l'ensemble du répertoire, pour parvenir à dégager la cohérence du tout. Le travail avec lui prenait la forme d'une sorte d'« archéologie musicale », qui consistait à confronter le résultat de mes analyses formelles à sa connaissance profonde du contexte, pour en tirer les explications permettant de comprendre comment était organisée cette riche tradition musicale dans son ensemble, et comment elle plongeait ses racines dans tous les aspects de la société nzakara.

L'une des dimensions qui s'est révélée la plus saillante au cours de ce travail est le rapport étroit qui reliait musique et politique dans l'ancienne société nzakara. Les poètes-harpistes accompagnaient leur chant de « formules » traditionnelles, c'est-à-dire des suites de notes jouées sur la harpe à cinq cordes, qui étaient répétées en boucle et soutenaient l'improvisation poétique chantée. Ces formules étaient classées en catégories. Deux catégories du répertoire (*ngbàkià, limanza*) comportent une grande diversité de formules de harpes différentes, alors que la troisième (*gitangi*) en comporte peu, toutes fondées sur une même cellule rythmique asymétrique du type de celles étudiées au chapitre précédent. Les échanges que j'ai eus avec

Éric de Dampierre ont permis d'expliquer ces propriétés formelles, en les rapportant à des distinctions dans l'organisation même de la société nzakara. En effet, les deux catégories comportant beaucoup de formules de harpe sont celles du clan dominant de l'ancien royaume nzakara (le clan Bandia), alors que l'autre catégorie, plus pauvre en formules de harpe distinctes, correspond à des répertoires non bandia. On voit ainsi pourquoi les deux premières catégories sont plus fournies que la troisième. Dans l'ancien royaume Bandia, une grande diversité de formules musicales était requise pour répondre aux besoins de la vie de cour, où il fallait exprimer toutes les nuances des relations entre le souverain et son entourage. En revanche, face à ces « airs de la tradition » strictement codifiés, la troisième catégorie, non bandia, opposait les « airs de la contestation de la tradition[8] », dans lesquels la satire s'exprimait librement sur un rythme connu de tous. Les propriétés mathématiques que nous allons présenter maintenant concernent précisément les formules de harpe « de la tradition », c'est-à-dire celles qui appartiennent aux catégories *ngbàkià* et *limanza*.

FORMULES DE HARPE EN CANON

La harpe, qui peut produire cinq notes (une par corde), est tenue verticalement. Dans les formules *ngbàkià* et *limanza*, les cordes sont pincées systématiquement par couples (une corde par main). Le rythme de ces formules est régulier et, comme pour les rythmes asymétriques étudiés au chapitre précédent, il s'appuie sur une pulsation sous-jacente, c'est-à-dire un découpage du temps en unités égales généralement sous-entendu mais parfois matérialisé par des frappements de mains ou des battements de grelots. Le rythme *limanza* est ternaire (une pulsation tous les trois couples), et le rythme *ngbàkià* binaire (une pulsation tous les deux couples).

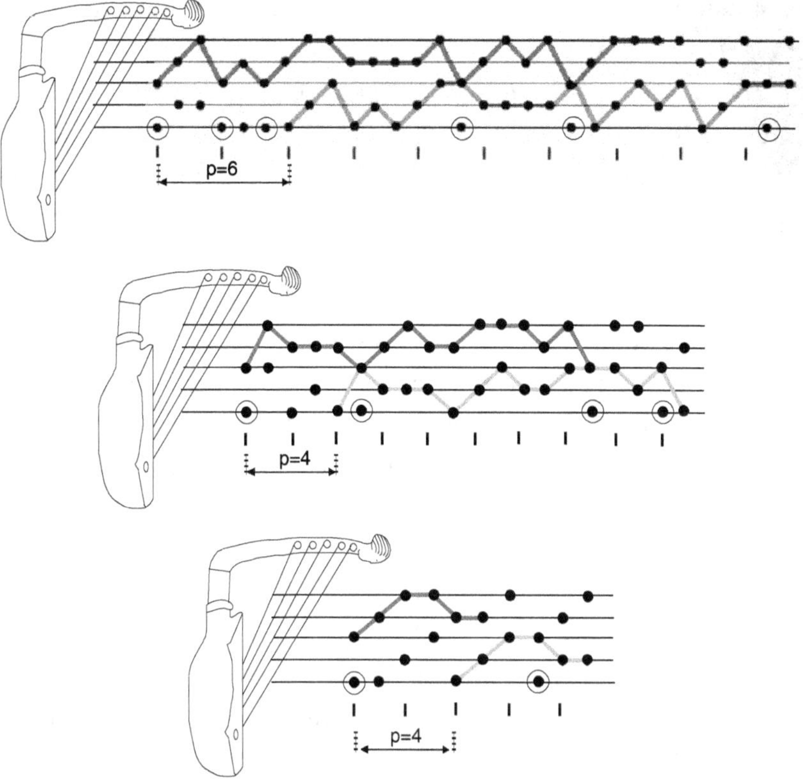

*Figure 5.3 – Trois formules de harpe nzakara en canon
(un* limanza *et deux* ngbàkià*).*

La transcription que nous utilisons pour ces formules n'est pas celle de la notation solfégique habituelle, mais une représentation graphique indiquant les gestes du harpiste. Les cinq lignes correspondent aux cinq cordes de l'instrument, et les points indiquent les couples de cordes pincées simultanément par le musicien, à une cadence régulière (la pulsation est indiquée par des tirets). Précisons que les cinq lignes ne sont pas celles d'une portée musicale, pas plus que les points ne sont des notes, mais la transcription d'un geste (pincer une corde). Il n'y a pas de notion de hauteur absolue dans cette transcription (à titre indicatif, signalons que dans un enregistrement du premier exemple, les hauteurs sont approximativement, de l'aigu au grave, *lab fa mib réb si*[9]).

Les cordes, toujours pincées par couples, constituent deux lignes mélodiques superposées, l'une sur les trois cordes aiguës (les trois cordes près du joueur) et l'autre sur les trois cordes graves (une des cordes, celle du milieu, est commune à ces deux groupes). À quelques exceptions près (indiquées par des cercles autour des notes), les deux profils mélodiques sont identiques, mais décalés dans le temps. Il s'agit donc d'un « canon », dans un sens proche de celui de la musique occidentale. La distance du canon (notée p) est le nombre de couples qui séparent le début de la voix aiguë de celui de la voix grave (cette distance vaut six pour le *limanza* et quatre pour les deux *ngbàkià*). Au décalage près de la distance du canon, la voix grave suit le même profil mélodique, mais elle est transposée deux cordes plus bas. Notons toutefois que le canon au sens où nous l'entendons ici ne porte pas sur la reproduction exacte par une voix de la mélodie produite par une autre, ni même de sa transposition à un intervalle donné, mais plutôt de sa transposition à l'intérieur de l'échelle (ce qui implique, le cas échéant, une modification des intervalles mélodiques).

GRAPHE D'ENCHAÎNEMENT
DES COUPLES DE CORDES

Considérons maintenant le problème mathématique suivant : peut-on construire d'autres canons que ceux de la figure 5.3 ci-dessus ? Pour construire de tels canons, il faut satisfaire deux contraintes :

(1) une contrainte « horizontale » imposée par l'identité des profils mélodiques,

(2) une contrainte « verticale » déterminée par les couples de cordes que l'on peut pincer simultanément.

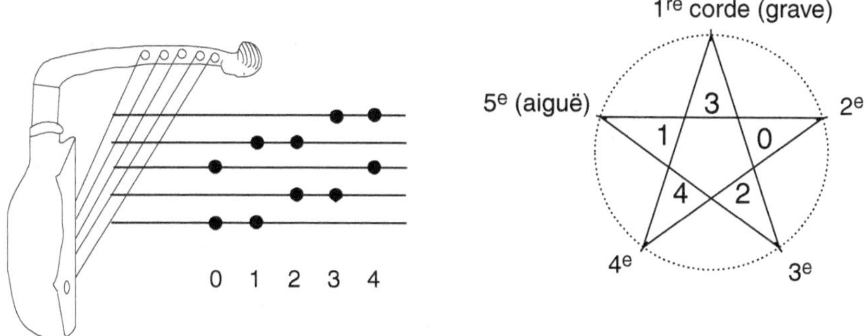

Figure 5.4 – *Les couples de cordes qui peuvent être pincées simultanément.*
Seuls cinq couples sont utilisés dans les formules de harpe nzakara.

Cette deuxième contrainte est spécifique à ce répertoire nzakara. Les cordes pouvant être pincées simultanément sont celles qui ne sont ni trop proches, ni trop éloignées. En observant les trois exemples donnés précédemment, on constate que les cordes placées côte à côte sur l'instrument ne sont jamais jouées ensemble, et qu'il en est de même des cordes extrêmes. Ainsi, seuls cinq couples de cordes numérotés 0, 1, 2, 3, 4 sont retenus dans les formules. Chose remarquable, en joignant par un trait les cordes (disposées sur un cercle) qui peuvent être pincées simultanément, on obtient une figure géométrique symétrique en forme d'étoile à cinq branches (figure 5.4).

À cette contrainte s'ajoute celle du canon. La mélodie de la voix aiguë doit se reproduire, translatée de deux cordes vers le bas, sur la voix grave, et ce avec un décalage plus ou moins grand selon la distance du canon. Cette contrainte a des conséquences sur l'enchaînement des couples de cordes à distance du canon qui ne sont pas tous « permis ».

Règle du canon : on peut enchaîner un couple à un autre à distance du canon si la note inférieure du second est translatée de deux cordes vers le grave par rapport à la note supérieure du premier.

Par exemple, si l'on joue le couple numéroté 0 (constitué des première et troisième cordes) au début d'une formule

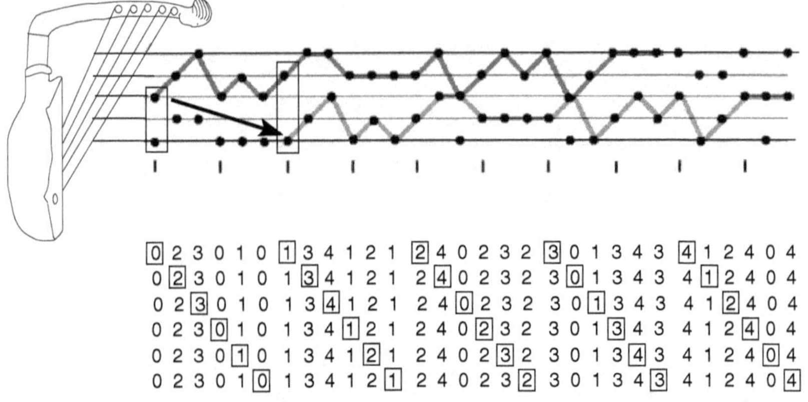

```
[0] 2 3 0 1 0 [1] 3 4 1 2 1 [2] 4 0 2 3 2 [3] 0 1 3 4 3 [4] 1 2 4 0 4
 0 [2] 3 0 1 0 1 [3] 4 1 2 1 2 [4] 0 2 3 2 3 [0] 1 3 4 3 4 [1] 2 4 0 4
 0 2 [3] 0 1 0 1 3 [4] 1 2 1 2 4 [0] 2 3 2 3 0 [1] 3 4 3 4 1 [2] 4 0 4
 0 2 3 [0] 1 0 1 3 4 [1] 2 1 2 4 0 [2] 3 2 3 0 1 [3] 4 3 4 1 2 [4] 0 4
 0 2 3 0 [1] 0 1 3 4 1 [2] 1 2 4 0 2 [3] 2 3 0 1 3 [4] 3 4 1 2 4 [0] 4
 0 2 3 0 1 [0] 1 3 4 1 2 [1] 2 4 0 2 3 [2] 3 0 1 3 4 [3] 4 1 2 4 0 [4]
```

Figure 5.5 – L'une des formules de harpe nzakara en canon.
La flèche indique que la voix grave reproduit le profil de la voix aiguë[10].

limanza (distance du canon $p = 6$), il faudra que le septième couple ait pour corde grave la première. En effet, la corde aiguë du couple 0 est la troisième corde, et la première corde est bien le résultat de la translation de celle-ci deux cordes vers le bas. Or la figure en étoile (figure 5.4) montre que seuls deux couples ont la première corde dans le grave : le couple 0 lui-même et le couple 1.

Sur la figure 5.5, cette relation a été soulignée par une flèche reliant le premier et le septième couple (dont les numéros sont 0 et 1). Comme on l'a dit plus haut, on vérifie que la note inférieure du couple 1 (corde la plus grave) se trouve deux cordes plus bas que la note supérieure du couple 0 (corde du milieu). Les deuxième et huitième couples satisfont la même relation (2 et 3). Il en est de même des troisième et neuvième couples (3 et 4), quatrième et dixième couples (0 et 1), et ainsi de suite.

La relation d'enchaînement de couples assurant globalement la contrainte du canon peut être représentée sous forme d'un graphe, où une flèche indique le passage d'un couple à un autre séparé par la distance du canon (figure 5.6). Si l'on respecte les enchaînements de ce graphe, on est assuré que la voix grave reproduira le profil de la voix aiguë, c'est-à-dire qu'on

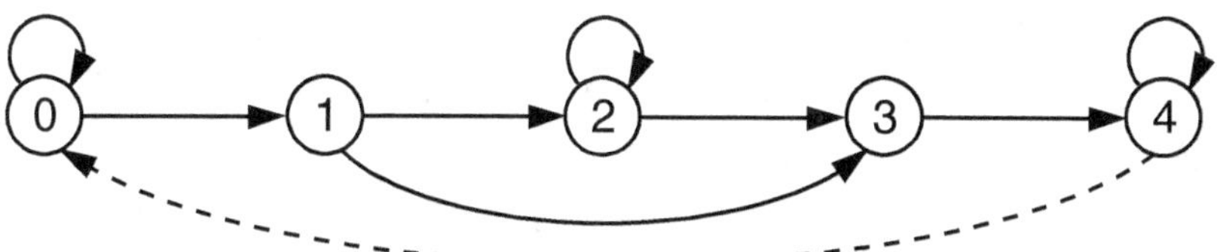

Figure 5.6 – Graphe des enchaînements théoriques de couples de cordes donnant un canon. Le principe du canon implique que les couples de cordes séparées d'une distance égale à celle du canon satisfont une relation particulière. Par exemple, on ne peut avoir dans un canon les couples 0 et 2 séparés par cette distance.

obtiendra un canon. Le graphe se lit ainsi (pour le sommet 1 par exemple) : si l'on veut obtenir un canon dont la distance est égale à p, le couple 1 ne peut être suivi, p couples plus loin, que des couples 2 ou 3.

Notons que ces enchaînements sont théoriques, c'est-à-dire qu'ils permettent d'obtenir tous les canons théoriquement possibles. Dans la pratique, les formules nzakara n'utilisent qu'une partie du graphe. Si l'on regarde attentivement les exemples de *limanza* et de *ngbàkià* donnés plus haut, on constate en effet que les enchaînements de couples séparés par la distance du canon sont toujours $0 \rightarrow 1 \rightarrow 2 \rightarrow 3 \rightarrow 4 \rightarrow 0$.

La flèche en pointillé dans ce graphe (de 4 vers 0) déroge à la règle du canon, mais on constate que cet enchaînement est utilisé effectivement par les musiciens nzakara dans leurs formules de harpe. Précisément, lorsque cet enchaînement intervient, la formule comporte ce qu'on pourrait appeler une « erreur », c'est-à-dire un point où la voix grave ne suit pas la voix aiguë. En allant plus loin dans ce sens, un raisonnement simple montre que tout canon comporte nécessairement certaines « erreurs ». En effet, les formules de harpe étant jouées en boucles, la succession des couples à distance du canon doit parcourir un cycle dans le graphe de la figure 5.6. Or on voit que ce graphe n'en comporte aucun autre que les cycles « triviaux » consistant à répéter indéfiniment le même couple (0, 2 ou 4). Pour obtenir un cycle non trivial, il est nécessaire de passer par la flèche en pointillés (sinon la mélodie s'arrête rapidement et bute sur le couple 4), mais cette flèche est responsable d'une anomalie dans la structure de canon.

Un raisonnement plus détaillé révèle que le nombre minimal d'erreurs dans un canon sans cycles triviaux est égal au plus grand commun diviseur pgcd(n, p), où n est la longueur de la séquence et p la distance du canon. Et précisément, les canons nzakara ont toujours le nombre minimal d'erreurs, comme on peut le vérifier sur la figure 5.3. Pour les trois formules, les valeurs de n sont respectivement trente, vingt, dix, et celles de p sont six ou quatre. Les nombres d'erreurs sont donc six, quatre, et deux, ce qui correspond effectivement aux nombres de points encadrés par des cercles sur la figure 5.3.

PROPRIÉTÉS MATHÉMATIQUES
ET REPRÉSENTATIONS MENTALES

La structure de canon nzakara apparaît dans un groupe de six formules des catégories musicales appelées *ngbàkià* et *limanza* (trois d'entre elles ont été présentées sur la figure 5.3). Malheureusement, aucun terme vernaculaire ne permet de caractériser spécifiquement ces formules en canon. Et à vrai dire, on ne sait pas si les musiciens nzakara sont conscients ou non de leur caractère particulier. On en est réduit à utiliser l'argument probabiliste introduit au deuxième chapitre : il existe une trentaine de formules connues de *ngbàkià* et de *limanza*, parmi lesquelles six sont de type canon, ce qui conduit à une proportion de 20 % de formules en canon. Certes, ces formules sont minoritaires dans le corpus, mais leur proportion est cependant largement supérieure à celle qu'on obtiendrait si aucun facteur ne favorisait l'apparition de telles formules. D'où l'hypothèse d'une représentation mentale expliquant l'existence de ces formules en canon.

Je vais rassembler un faisceau d'indices qui confortent l'hypothèse d'une représentation mentale propice à l'apparition de la structure de canon, c'est-à-dire une structure musicale en lignes parallèles décalées. Un jour où je me trouvais avec Éric de Dampierre dans son studio de la rue de Grenelle, il me montra un classeur dans lequel était rangé, parmi diverses photographies et autres documents, un intercalaire en plastique contenant les feuilles séchées d'une plante. Comme je l'interrogeais sur l'intérêt de cette plante, il m'expliqua qu'elle était importante pour les Nzakara à cause de la manière très particulière dont ses deux rangées de feuilles étaient décalées l'une par rapport à l'autre, et que c'était la raison pour laquelle elle était utilisée dans le rituel des jumeaux, qui consiste, entre autres choses, à transplanter un pied de cette plante devant la case où a eu lieu une naissance gémellaire. J'ai été frappé par ce qu'Éric de Dampierre m'a dit au sujet de la plante-des-jumeaux. Ce ne sont pas ses propriétés végétales qui intéressent les Nzakara (par exemple comme matériau pour confectionner divers objets, ou comme substance médicinale, etc.), ce sont ses propriétés purement géométriques. Les représentations mentales auxquelles elle donne lieu concernent sa configuration spatiale, la manière dont sont disposées ses deux rangées de feuilles. En effet, ces rangées ne sont pas symétriques et dans un même plan. D'une part, elles sont dans deux plans différents formant un angle droit : quand on la dessine, la rangée supérieure est dans un plan vertical et la rangée inférieure dans un plan horizontal vu en perspective. D'autre part, elles sont décalées l'une par rapport à l'autre le long de la tige, les feuilles des deux rangées n'étant pas rattachées à la tige aux mêmes points, mais en des points qui alternent régulièrement.

Au-delà de l'analogie superficielle entre deux rangées de feuilles décalées (dans le cas de la plante), et deux lignes mélodiques en canon (dans le cas des formules de harpe), il est intéressant de revenir à ce qu'Éric de Dampierre décrit, au moyen

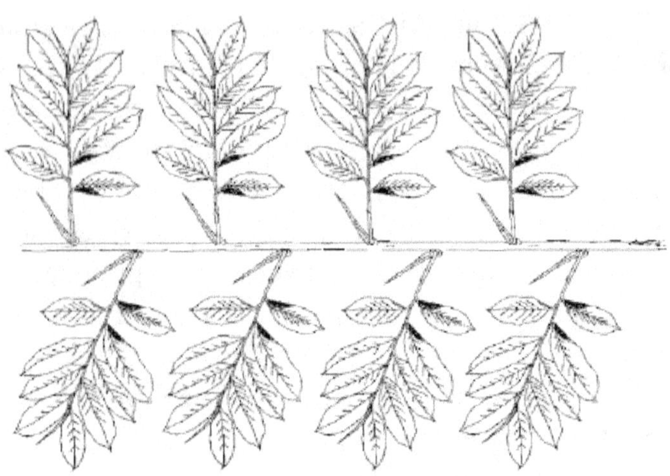

Figure 5.7 – La plante-des-jumeaux
(d'après un dessin de Jean-Marc Chavy[11], © Société d'éthnologie).

de l'expression « penser au singulier », comme un trait fondamental du mode de penser nzakara. Si la naissance de jumeaux nécessite un rituel particulier, c'est parce que l'apparition de deux êtres presque identiques est un signe de désordre du monde. La géométrie de la plante-des-jumeaux est supposée atténuer ce désordre. Elle comporte en effet deux rangées de feuilles, elles aussi presque identiques, mais dont l'identité est masquée par leur décalage le long de la tige, qui donne à chacune d'elles une position propre. De la même façon, dans le cas des jumeaux, on prendra soin de souligner le décalage temporel séparant la sortie des enfants de l'utérus, qui permet de distinguer un aîné et un cadet.

Éric de Dampierre a rattaché ces cas à une même difficulté à penser le concept d'identité. Il en énumère de nombreuses manifestations, à travers par exemple l'enseignement des mathématiques au lycée de Bangassou, capitale du pays Nzakara :

« Aucun terme pour exprimer l'égalité de deux valeurs, de deux longueurs par exemple, ou des côtés d'un triangle isocèle, où seront toujours recherchés dans une première démarche le "grand côté" et le "petit côté". [...]

Soit deux longueurs égales, *AB* et *A'B'*. La seule façon acceptée de dire que ces deux longueurs sont égales est de recourir à la notion d'accord. Autrement dit, de réduire la longueur de *A'B'*, de l'accoler visuellement à la longueur *AB* et de faire *croître A'B'* jusqu'à ce qu'elle atteigne la mesure de *AB*[12]. »

Notons que cette explication passe par un geste, celui de faire croître une longueur jusqu'à ce qu'elle atteigne une autre. Les représentations mathématiques dans les sociétés orales sont sans doute étroitement liées au pouvoir explicatif du geste et à son utilisation comme véhicule de la pensée. On a vu au premier chapitre comment le comptage était plus proche du geste d'appariement consistant à associer des objets à des parties du corps (par exemple les doigts des mains), que de l'utilisation d'un vocabulaire spécifique pour désigner les nombres, vocabulaire qui fait défaut dans certaines langues ne comportant que les termes « un », « deux » et « beaucoup ».

Le rejet du concept d'identité expliquerait l'apparition de certaines formes artistiques qui jouent sur le décalage de deux longueurs ou de deux durées. Sur le plan sonore, les formules de harpe en canon en seraient un exemple. Sur le plan visuel, Éric de Dampierre met en exergue l'exemple d'une coiffure de tête sculptée de harpe, dans laquelle le décalage s'exprime par le pivotement de deux cercles l'un par rapport à l'autre :

« Si ces longueurs sont aboutées sur elles-mêmes en un cercle perpétuel, les Nzakara tenteront alors de rendre le décalage permanent. Nous obtenons sur le plan plastique la figure de la girone où, par le jeu d'une superposition décalée, des sections de circonférence ("girons") sont cantonnées alternativement. Ce comportement transparaît à mon sens dans la sculpture d'une étonnante tête de harpe dont la coiffure gironnée est pourvue, alors même que le visage conserve sa "frontalité", d'un axe supplémentaire, lequel partage les tresses de deux girons opposés sur quatre et se trouve de ce fait décalé de 45° par rapport à la partition primaire [...][13]. »

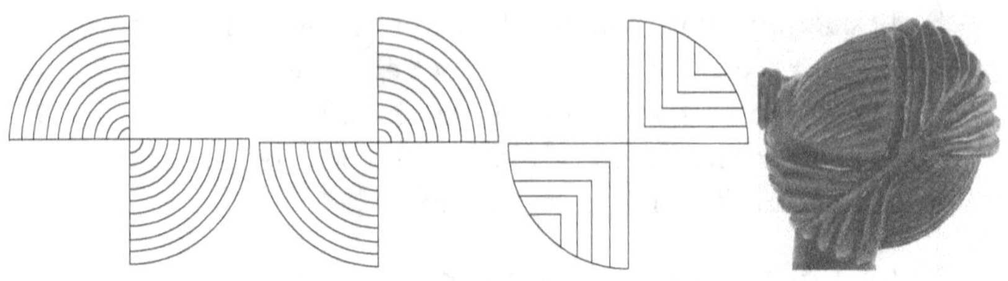

Figure 5.8 – *Coiffure d'une tête de harpe, à droite*
(MO.1957.42.1, collection MRAC Tervuren, © MSHO, Laboratoire UMR-7188)[14].

Essayons d'expliciter la manière dont Éric de Dampierre met en relation la « figure de la girone » avec le décalage temporel des deux lignes mélodiques d'un canon.

Le couple de girons initial représenté à gauche figure 5.8 subit un premier « décalage » (ou pivotement) sous l'effet d'une rotation d'un quart de tour, qui donne le couple de girons représenté en deuxième position. Sous cette forme, il est trop semblable au premier, et subit une deuxième transformation, qui consiste à inverser la disposition interne des tresses, donnant le schéma placé en troisième position. Dans cette inversion, les tresses s'adaptent au contour qui les délimite, les courbes deviennent donc des droites formant un angle rectangle. La combinaison du couple initial et du résultat de cette deuxième transformation donne finalement la coiffure voulue représentée à droite de la figure 5.8, avec apparition de l'« axe supplémentaire » dont parle Dampierre. Malheureusement, Éric de Dampierre ne fournit pas d'indications sur la manière dont les propriétés de la coiffure gironnée sont décrites par les Nzakara. Sur le plan de la verbalisation, on n'en sait donc pas plus concernant la géométrie de cette figure que dans le domaine des propriétés formelles du canon.

Le problème cognitif posé par les formules de harpes en canon, c'est qu'il est possible de les analyser d'une autre façon, complètement différente de la représentation en canon, qui sera présentée plus loin, et que l'on ne sait pas laquelle des deux analyses est pertinente du point de vue des musiciens indigènes

– à supposer que l'une d'elles le soit. On se trouve ici face à un phénomène propre aux représentations mathématiques, caractérisées, comme on l'a dit en commençant, par le fait qu'elles sont sujettes à des métamorphoses. Les difficultés créées par cette plasticité des représentations renvoient à ce que Dan Sperber appelle les *propriétés épiphénoménales*.

> « Des objets complexes, comme par exemple des représentations culturelles, possèdent des propriétés en tout genre. La plupart de ces propriétés sont épiphénoménales : elles sont des effets secondaires des propriétés fondamentales dont elles ne font pas partie. En particulier, les propriétés épiphénoménales ne jouent aucun rôle causal dans l'émergence et dans le développement du phénomène. Elles ne peuvent donc pas en fournir une explication causale[15]. »

Lorsqu'on est confronté à une représentation mathématique qui se métamorphose selon des formes très différentes, comment choisir la forme qui a une existence mentale réelle ? Comment distinguer la forme fondamentale et la forme épiphénoménale, au sens de Sperber, c'est-à-dire une forme qui ne joue aucun rôle causal dans l'aspect psychologique du phénomène ?

STRUCTURE EN ESCALIER
DES FORMULES DE HARPE

Il se trouve que la structure formelle des canons nzakara se prête à ce genre de métamorphose logique. Il est en effet possible de décrire la construction de ces formules d'une manière radicalement différente de la description en canon adoptée précédemment, faisant apparaître le canon comme une propriété secondaire, une simple conséquence logique de la construction.

Observons attentivement la formule de *limanza* étudiée précédemment. On a vu qu'elle n'utilise que cinq couples de

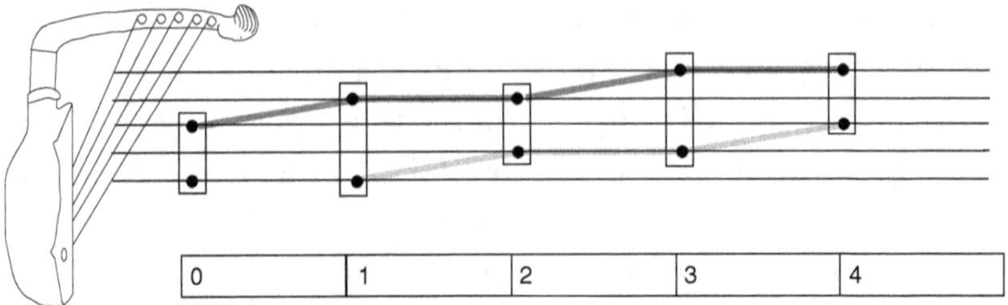

Figure 5.9 – *Cinq couples de cordes pincées simultanément,
formant deux « escaliers » mélodiques légèrement décalés.*

cordes pincées simultanément (numérotés de 0 à 4). Lorsqu'on
dispose ces couples les uns à la suite des autres sur les cinq
lignes représentant les cordes de la harpe, on constate que la
simple succession des couples crée, *par elle-même*, un phénomène de canon. Le mouvement des cordes aiguës (monter à la
corde supérieure, ou rester en place) est reproduit sur les cordes graves avec un couple de retard, créant une forme compo-
sée de deux « escaliers » légèrement décalés.

Cette construction est généralisable. C'est-à-dire que si, au
lieu de translater les couples un par un comme on l'a fait en
montant les marches de l'escalier, on les translate par bloc, on
retrouve alors la formule de *limanza* initiale et la construction
du canon étudiée précédemment. On a vu que, par rapport aux
possibilités qu'offre le graphe du canon (figure 5.6), les Nzakara
s'étaient restreints à un seul cycle $0 \rightarrow 1 \rightarrow 2 \rightarrow 3 \rightarrow 4 \rightarrow 0$, qui
consiste à décaler tous les couples d'une unité. C'est cette pro-
priété qui fait apparaître une structure en escalier. Le bloc
formé des six premiers couples 023010 est translaté en 134121
(on ajoute un à chaque élément), puis en 240232, et ainsi de
suite, jusqu'à revenir à la succession initiale (figure 5.10). Ces
translations successives reconstituent la formule. La structure
en escalier consiste à translater un motif initial autant de fois
qu'il le faut pour revenir au point de départ. Ce procédé assez
étonnant n'est pas propre à la formule étudiée, mais valable
pour toutes celles du répertoire qui possèdent la structure de

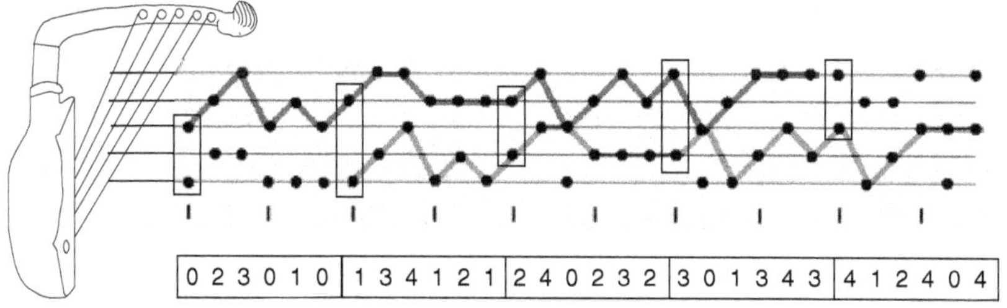

Figure 5.10 – *Formule* limanza *obtenue par translation de 023010*[16].

canon. Par exemple, la première formule *ngbàkià* ci-dessus (figure 5.3) a une structure en escalier construite avec la cellule 0412 translatée en 1023, puis 2134, etc.

Cette analyse montre du même coup que la structure canonique n'est qu'une simple conséquence de la construction. On peut établir, en réalité, que sous certaines conditions, la structure en escalier est *logiquement équivalente* à la structure de canon[17]. En effet, il est facile de voir que, si la numérotation des couples est celle qui est définie par le graphe des enchaînements du canon décrit ci-dessus (figure 5.6), alors une formule en escalier est nécessairement un canon dont la distance est la longueur du motif translaté. Inversement, si un canon est construit en utilisant uniquement le cycle $0 \to 1 \to 2 \to 3 \to 4 \to 0$ du graphe (sans cycles triviaux), alors il possède nécessairement une structure en escalier.

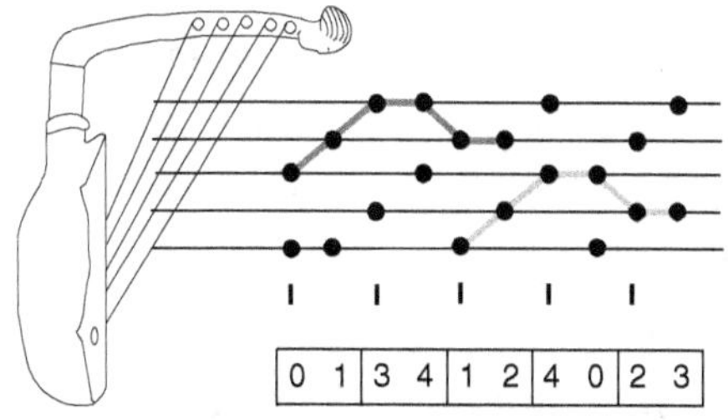

Figure 5.11 – *Un* ngbàkià *unique solution en escalier pour un pas de longueur deux 01.*

La structure en escalier met en évidence une propriété supplémentaire dans la plus courte des formules de harpe en canon : l'unicité. Voyons en quoi cette formule de harpe est unique (figure 5.11). Ici, les marches de l'escalier sont de longueur deux, c'est-à-dire que le motif translaté 01 ne contient que deux couples. On peut alors se demander combien de séquences de ce type sont possibles.

Tableau 5.1. Unicité d'une structure en escalier
ayant un pas de longueur deux

répétition de symbole	(00)33114422
formule nzakara	0134124023
permutation de la formule nzakara	023[0134124
répétition de symbole	0(33)1144220
répétition d'une séquence plus courte	(04321)(04321)

Fixons le premier couple à 0 et énumérons les valeurs possibles pour le second : 0, 1, 2, 3 ou 4. Les motifs correspondants sont 00, 01, 02, 03, 04. Si l'on prend 00, on obtient une répétition de couples, ce qui ne se produit jamais dans les formules du répertoire nzakara. Si l'on prend 01, le résultat est la formule nzakara. Si l'on prend 02, la formule obtenue 0230134124 n'est qu'une permutation circulaire de la précédente, car on la retrouve à partir de la quatrième lettre 023[0134124023. Si l'on prend 03, on obtient de nouveau une répétition de couples 33. Enfin, si l'on prend 04, on constate que la formule se scinde en deux (04321 est répété deux fois). Ainsi, pour les motifs 00, 03, 04, la séquence obtenue est en quelque sorte « dégénérée » (répétition d'un couple, ou répétition d'une séquence plus courte). De plus, pour les autres 01 et 02, on obtient la même séquence à une permutation circulaire près. Finalement, la formule nzakara apparaît comme la seule façon de fabriquer une séquence en escalier à partir d'un motif à seulement deux couples.

On est en fin de compte confronté au problème suivant : les deux représentations proposées – forme en canon d'une part, construction en escalier d'autre part – étant également adaptées à la description de la réalité musicale, comment choisir celle qui est la plus proche des représentations mentales des musiciens nzakara ? Les éléments énumérés précédemment feraient pencher pour la première interprétation, mais des travaux récents privilégient la deuxième, qui correspondrait mieux à la réalité cognitive. Klaus-Peter Brenner a en effet repris l'analyse des formules de harpe nzakara, en rejetant l'interprétation de ces formules comme canon. Il développe une interprétation alternative appelée « géométrie sonore », qui se rapproche de la structure en escalier présentée ci-dessus. Les formules de harpe sont analysées à partir de cellules juxtaposées les unes à la suite des autres, et qui correspondent *grosso modo* aux blocs translatés que nous avons décrits[18].

Les objections avancées par Brenner, dans son ouvrage très précis et enrichi d'une importante bibliographie consacrée aux musiques africaines, posent le problème plus général de la différence de *nature* entre les structures musicales issues de la tradition orale et celles qui se sont développées au sein de la tradition écrite. Le canon occupe précisément une position controversée à la frontière entre les deux. Cette forme musicale considérée comme l'une des plus achevées de la musique occidentale écrite savante peut-elle apparaître, ne serait-ce qu'à un stade embryonnaire, dans un contexte de tradition orale ? Erich von Hornbostel décrivait en 1928 une pièce vocale des Batéké fondée sur l'alternance d'un soliste et d'un chœur, avec un léger chevauchement des deux parties, qui produisait un début de canon, et il ajoutait que c'est de façon « naturelle » que le principe du tuilage fait émerger cette forme polyphonique[19]. Mais il faut prendre soin de distinguer musiques vocales et instrumentales, comme le rappelle Brenner[20]. Si l'apparition de canons vocaux paraît naturelle, celle de canons instrumentaux semble plus improbable. Brenner fait observer d'ailleurs que les parties vocales des poètes-harpistes nzakara (dont il a transcrit des exemples dans son livre) ne suivent pas les lignes mélodiques de la partie de harpe. Au contraire, la voix s'appuie sur les notes jouées par l'instrument d'une façon « oblique », en circulant d'une ligne à l'autre. Il en tire argument pour contester le fait que l'on puisse parler, comme nous l'avons fait, des « lignes mélodiques » de la partie de harpe, et *a fortiori* de décalage entre ces lignes formant un canon. Pour lui, les canons tels que nous les avons décrits ici « sont impossibles à imaginer et à concevoir dans les conditions et les restrictions cognitives spécifiques à la pure oralité[21] ».

L'analyse de Brenner est sans doute la bonne manière de décrire le processus cognitif qui a donné naissance à ces fomules de harpe : des cordes groupées par couples, et des suites de couples qui sont translatés en escalier comme nous l'avons vu. Je suis d'accord avec lui pour considérer que les Nzakara n'ont pas cherché *a priori* à faire des canons. Mais je ne vois aucun obstacle cognitif à ce qu'ils aient pris conscience *a posteriori* du fait que certaines de leurs formules comportent deux mouvements mélodiques identiques et décalés, voire qu'ils aient essayé d'en construire de nouvelles après avoir obtenu les premières par hasard. Mes expériences d'enquête sur le terrain (notamment à Madagascar, comme on le verra aux chapitres 6 et 7), m'ont convaincu que, même dans les conditions de la pure oralité, l'esprit humain fait toujours preuve d'une insatiable curiosité pour la grande diversité des formes qui l'entourent.

Brenner est un peu embarrassé par le fait que le harpiste joue de la harpe avec deux mains : « Le concept derrière ces formules de harpe – sans nier le fait que le harpiste a deux mains – n'est absolument pas fondé sur une idée de dédoublement[22]. » Or précisément, les deux lignes mélodiques qui constituent les canons, dans l'analyse que nous avons proposée, sont bien les suites de notes produites par chaque main du harpiste, à quelques exceptions, à savoir les « erreurs » du canons exposées plus haut. Avant d'être des canons mélodiques, ce sont d'abord des canons gestuels dans lesquels l'une des mains court après l'autre. Il me paraît hautement invraisemblable qu'aucun harpiste nzakara n'ait jamais laissé germer dans son esprit de représentation mentale de ce que jouent ses deux mains *séparément*, dans une société où, par ailleurs, la géométrie de la plante-des-jumeaux, avec ses deux rangées de feuilles, a suscité un intérêt tel qu'elle est devenue l'élément central d'un rituel.

ROTATIONS CACHÉES
DES FORMULES DE HARPE NZAKARA

On observe dans certaines formules de harpe nzakara une propriété remarquable supplémentaire, mise en évidence indépendamment par Klaus-Peter Brenner (comme cas particulier de sa « géométrie sonore ») et par le mathématicien Dave Benson (comme illustration de la symétrie en musique[23]). Elle fait intervenir la notion de groupe de frise introduite au second chapitre. Les frises sont formées d'un motif qui se répète à l'infini comme les formules en canon. Dans les formules étudiées plus haut, on remarque tout de suite que la mélodie grave est le résultat d'une translation vers la droite et vers le bas de la mélodie aiguë. Cette translation est la définition même du canon. Mais la formule comporte une propriété de translation bien moins évidente et même une propriété de rotation !

Pour découvrir ces propriétés cachées, il est utile de faire abstraction des deux lignes mélodiques du canon et d'imaginer une infinité de lignes horizontales, qui répètent indéfiniment les cinq cordes et sur lesquelles on duplique la formule *limanza*. On voit alors clairement apparaître deux types de tracés zigzagants qui se répètent en parallèle (figure 5.12). Chacun d'eux est une frise obtenue par translation d'un motif différent.

Par ailleurs, on remarque clairement que ces deux motifs restent identiques si on leur fait faire un tour sur eux-mêmes. Plus précisément, on retrouve les motifs identiques après les avoir fait tourner autour d'un point situé au milieu du motif : on dit qu'ils sont *invariants par symétrie centrale*. Il en est de même pour les deux tracés complets qui restent invariants après les avoir fait tourner autour des centres de symétrie matérialisés graphiquement par des petites croix placées sur la figure 5.12.

Ainsi, la propriété remarquable de la première formule de harpe en canon ci-dessus (figure 5.3) est qu'elle est *invariante par une symétrie centrale*, c'est-à-dire que son groupe de symétrie est du *cinquième type* dans la classification des groupes de frise que nous avons présentée au chapitre 2 (figure 2.1), et non pas seulement du premier type qui est le plus simple. La même propriété s'applique à la plus courte des formules *ngbàkià* reproduite plus haut figure 5.3. Dans la transcription de la formule de harpe (figure 5.12), on a relié par des traits les deux lignes invariantes par symétrie centrale. Ces tracés zigzagants, qui soulignent des lignes structurelles et non plus des lignes mélodiques, donnent une image de la formule bien différente de ceux utilisés pour la mise en évidence du canon. La représentation graphique obtenue est proche de celle adoptée par Brenner pour indiquer la position des centres des rotations laissant invariante la formule de *limanza* ci-contre, et la formule de *ngbàkià* la plus courte reproduite plus haut. Cette analyse fondée sur les groupes de frise s'accorde assez bien avec sa conception d'une « géométrie sonore[24] ».

Dans la musique savante de la tradition écrite occidentale, l'utilisation de telles opérations de symétrie, comme la rétrogradation et l'inversion (symétries par rapport aux axes verticaux et horizontaux), est attestée depuis les temps les plus reculés, par exemple, le rondeau *Ma fin est mon commencement* de Guillaume de Machaut, qui date du XIVe siècle. La question est

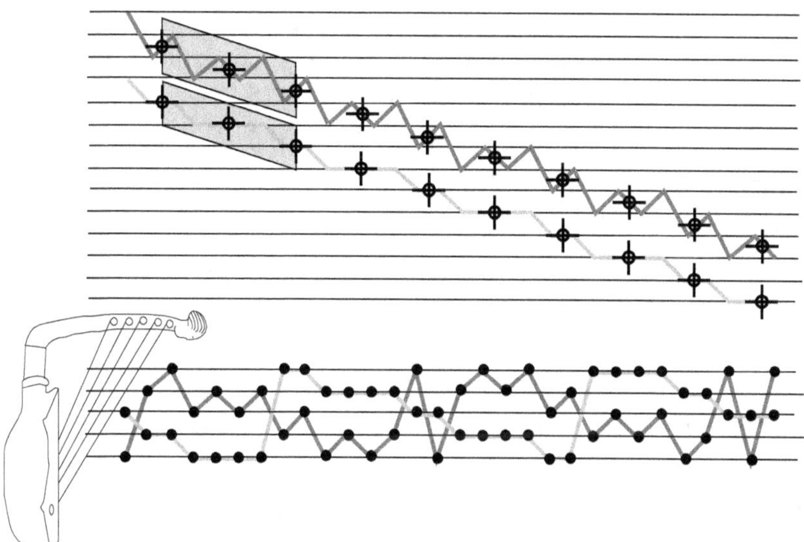

Figure 5.12 – *Translations et rotations cachées de la formule de harpe* limanza.
Les cordes sont dupliquées indéfiniment vers le haut.
On voit apparaître deux frises obtenues par translation d'un même motif,
qui sont invariantes par rotation autour des points matérialisés par des croix
(« symétries centrales »).

donc posée de savoir si l'apparition de propriétés de ce type dans un répertoire de tradition orale s'inscrit dans le même processus cognitif. Cette interrogation nous ramène à la discussion de l'opposition entre l'écrit et l'oral dans l'émergence des structures musicales.

Malheureusement, dans le répertoire nzakara, cette dimension paraît relativement marginale, car la propriété de symétrie n'est pas vraie pour toutes les formules de harpe étudiées précédemment. On peut vérifier en effet que la deuxième formule de harpe en canon de la figure 5.3, de type *ngbàkià*, n'a pas de symétrie centrale. Quant à la troisième, de type *ngbàkià* elle aussi, le fait qu'elle est invariante par rotation n'est pas significatif, car on peut montrer que toute séquence ayant une structure en escalier avec un pas de longueur deux admet nécessairement une symétrie centrale.

Dans ces conditions, l'argument probabiliste évoqué plus haut pour inférer l'existence de facteurs cognitifs favorisant l'apparition de formules en canon ne plaide pas ici en faveur d'une explication d'ordre cognitif de l'apparition de symétries centrales dans les formules de harpe nzakara. D'un côté, il est remarquable qu'une formule admette ce type de symétrie, mais de l'autre, elle apparaît comme un cas particulier isolé, qui ne s'inscrit pas dans un processus mental d'exploration systématique.

Pour apporter une réponse à ce genre de question, il serait nécessaire de mener des enquêtes de terrain. Seule une confrontation avec les détenteurs de ces savoirs traditionnels pourrait permettre de déterminer si une propriété formelle, dont la fréquence ou le caractère remarquable laissent supposer qu'elle est le résultat d'une recherche systématique, est bien consciente, sous une forme ou une autre, dans l'esprit des personnes concernées. Malheureusement, dans le cas de la musique nzakara, on a rappelé plus haut que ces répertoires sont en voie de disparition et qu'il n'existe sans doute plus assez de musiciens suffisamment compétents pour qu'on puisse répondre un jour à ces questions.

CHAPITRE 6

Divination (1) : règles de la géomancie

C'est la lecture d'un article de Marcia Ascher consacré aux propriétés mathématiques de la divination à Madagascar qui nous a décidé, en juin 2000, à y entreprendre une recherche dans le but de mener conjointement analyse mathématique et enquête de terrain[1]. La géomancie, dans sa forme malgache ou ses variantes africaines et arabes, est une technique de divination dont les propriétés mathématiques ont été décrites dans de nombreux travaux. Généralement, ces descriptions abordent les propriétés formelles du système *in abstracto*, indépendamment des processus mentaux effectivement mis en œuvre par les devins. Ce faisant, elles laissent ouvertes de nombreuses questions concernant la relation entre le modèle mathématique de la divination et les connaissances de ceux qui la pratiquent.

Quelle forme de rationalité gouverne les connaissances et les actions des devins ? Cette question rejoint un problème classique d'anthropologie sociale et culturelle, celui de l'universalité de la pensée rationnelle et de la place qu'elle occupe dans les savoirs des sociétés de tradition orale. Il a suscité un débat ancien, qui remonte au début du XXe siècle avec la théorie de la « mentalité primitive » de Lévy-Bruhl[2], et s'est prolongé sous diverses formes, par exemple dans les analyses d'Evans-Pritchard sur la sorcellerie zandé[3]. Les notions de point de vue et de contexte sont essentielles dans ces discussions. Pour prendre un exemple proche de nous, les poids et mesures expriment une logique de l'action : une unité systématique comme l'hectare (10 000 m^2) s'est implantée difficilement chez les paysans, parce que ceux-ci préféraient l'acre (5 200 m^2). Cette situation pourrait laisser penser que les paysans agissaient de façon « irrationnelle ». Pourquoi en effet préférer une unité qui ne tombe pas juste et qui engendre des calculs compliqués à une autre qui s'intègre parfaitement dans le système décimal en facilitant les calculs de tête ? En réalité, une telle interprétation serait erronée car elle négligerait un élément contextuel déterminant : les paysans utilisaient l'acre comme unité... parce qu'elle mesurait exactement la surface qu'un équipage de bœufs pouvait labourer en un jour ! Les recherches actuelles en sciences cognitives sur la rationalité, menées principalement dans le contexte occidental, ont beaucoup à gagner des progrès qui seront accomplis dans l'étude de la rationalité des savoirs et des actions dans les sociétés de tradition orale.

LA TRADITION
DE LA GÉOMANCIE D'ORIGINE ARABE

La divination malgache, appelée *sikidy*[4], est en usage sur toute l'île. Elle consiste à disposer sur le sol des graines de *fano* (une sorte d'acacia), sous la forme d'un tableau dont les différentes configurations sont interprétées comme autant de destinées. La disposition des graines est en partie le fait du hasard (où se manifeste la destinée) et en partie construite à partir de la précédente selon des règles précises. Cette partie calculée du *sikidy*, qui permet en quelque sorte de « décoder » le message contenu dans la partie aléatoire, met en œuvre des propriétés formelles élaborées qui sont celles d'une véritable structure algébrique. Les devins, appelés *mpisikidy* (« celui qui pratique le *sikidy* »), ou *ombiasy*, c'est-à-dire guérisseurs, sont des spécialistes reconnus par la société, leurs compétences étant le fruit d'une assimilation de techniques complexes.

Les principes du *sikidy* sont directement empruntés à la géomancie arabe, qui s'est diffusée en Afrique dans le sillage de l'islam. Elle est décrite dès le Moyen Âge, dans des traités en arabe ou en latin. En Occident, les premiers textes datent du XIIe siècle, comme le traité *Ars geomancie* de Hugues de Santalla. À Madagascar, la géomancie est arrivée sans doute par le Sud-Est, chez les Antemoro (l'une des dix-huit ethnies de Madagascar), où l'influence arabe est la plus forte[5]. Les Malgaches semblent s'être fait une spécialité de ce mode de divination qui s'est implanté dans tout le pays. Elle y est attestée depuis des temps très anciens et il en existe de nombreuses descriptions. Dès 1661, l'un des premiers Occidentaux voyageant à Madagascar, Étienne de Flacourt, en a fait un compte rendu détaillé dans son *Histoire de la grande isle de Madagascar*[6].

Figure 6.1 – Devins antandroy photographiés par Raymond Decary en 1924 (© Arch. dép. La Réunion).

La source ethnographique de référence concernant le *sikidy* est le travail d'un ancien administrateur colonial et grand connaisseur des traditions malgaches, Raymond Decary (1891-1973), qui a photographié des devins dès le début du XXe siècle[7]. Arrivé à Madagascar en 1916 à la suite d'une blessure pendant la Première Guerre mondiale, ce militaire passionné de botanique s'est d'abord consacré à l'étude de la flore, particulièrement fascinante dans cette île du fait de son isolement des continents. On lui doit le recensement de plus de 2 000 espèces végétales. Nommé dans l'Androy, région aride et mal connue au sud du pays, il apprend à connaître la population indigène, et son intérêt pour le pays et ses habitants le conduit à choisir en 1921 la carrière d'administrateur civil. Il restera à Madagascar jusqu'en novembre 1944, soit pendant près de vingt-huit ans, occupant différents postes dans presque toutes les régions de l'île. Il a laissé une œuvre ethnographique de toute première importance. Son étude sur le *sikidy*, achevée en 1941, puis remaniée en 1948, est restée longtemps inédite, jusqu'à ce qu'en 1970, Jacques Faublée prenne l'initiative de la publier, avec l'aide de Marcelle Urbain-Faublée, qui a assuré la refonte des deux versions[8].

L'aspect algébrique de la divination *sikidy* a fait l'objet de plusieurs études. L'une d'elles est de Marcia Ascher[9]. Une autre est un article non publié de Manelo Anona, mathématicien spécialiste de géométrie différentielle de l'Université de Tananarive[10]. Leurs informations sont tirées de l'ouvrage de Raymond Decary, ainsi que d'un autre travail réalisé plus récemment par un anthropologue de l'Université de Tuléar, Jean-François Rabedimy, qui fournit également de nombreuses observations très importantes pour notre sujet, comme on le verra[11]. De façon plus générale, la géomancie africaine telle qu'elle est pratiquée au Tchad a donné lieu à un important travail de formalisation mené par Robert Jaulin, en collaboration avec les mathématiciens Robert Ferry, Françoise Dejean, Bernard Jaulin (son frère) et Ramdane Sadi[12].

LA CONSTRUCTION DES TABLEAUX GÉOMANTIQUES

La séance de divination commence par le brassage des graines répandues sur le sol et la récitation de diverses incantations. Le devin prend ensuite deux poignées de graines au hasard dont il ne connaît pas le nombre, qu'il pose en tas devant lui. Puis il retire les graines deux par deux avec l'index et le majeur. Il n'est intéressé que par le reste de cette élimination par paires, c'est-à-dire le reste de la division par deux du nombre initial de graines dans chaque poignée. En conséquence, le reste ne peut prendre que deux valeurs, un ou deux (on garde deux au lieu de zéro quand le nombre de départ est pair).

Figure 6.2 – Tirage de deux poignées de graines,
puis élimination des graines par paires
(cliché Victor Randrianary 2000)[13].

Ce reste, déterminé par le nombre de graines contenues initialement dans la poignée, est le résultat d'un tirage aléatoire où se manifeste la destinée du consultant. On verra que le geste d'appariement des graines (qui produit un reste égal à un ou deux) joue un rôle fondamental dans le *sikidy*.

Tableau 6.1. *Calcul des colonnes secondaires appelées les « filles »*[14]

	bilady P_4	*fahatelo* P_3	*maly* P_2	*tale* P_1		
	•	••	•	•	P_5	*fianahana*
	•	••	•	•	P_6	*abily*
	••	••	••	•	P_7	*alisay*
	••	•	••	•	P_8	*fahavalo*

fahasivy	*ombisay*	*haja*	*haky*	*asorita*	*saily*	*safary*	*kiba*
••	••	••	•	•	•	••	••
••	••	••	•	•	•	••	••
•	•	••	••	••	•	•	•
••	••	••	••	•	••	•	•
$P_9 = P_7 + P_8$	$P_{10} = P_9 + P_{11}$	$P_{11} = P_5 + P_6$	$P_{12} = P_{10} + P_{14}$	$P_{13} = P_3 + P_4$	$P_{14} = P_{13} + P_{15}$	$P_{15} = P_1 + P_2$	$P_{16} = P_{12} + P_1$

L'opération de tirage est réitérée seize fois, le devin préle-
vant huit fois de suite deux poignées de graines. Les seize valeurs
sont placées dans un tableau carré, de quatre cases de côté,
nommé *renin-tsikidy* (ou matrice mère). En lisant ce tableau en
lignes et en colonnes, on définit huit figures composées de
quatre éléments chacune.

En dessous de cette matrice, on construit huit nouvelles
colonnes appelées les « filles ». Un aspect essentiel de cette
construction, c'est que les filles sont calculées en *plusieurs générations successives*. On construit d'abord les filles de première
génération en combinant des figures de la matrice mère (lignes
et colonnes). Puis on construit les filles de deuxième génération
en combinant les précédentes, et ainsi de suite pour la troisième
et la quatrième génération. Il faut prendre garde que les devins
ne placent pas ces nouvelles colonnes dans l'ordre où ils les
construisent (pour des raisons que nous ignorons). Par exemple, la première fille construite par eux (combinaison des deux
premières colonnes de la matrice mère) n'est pas la première ou
la huitième de la série, mais celle qui est placée en septième
position. L'ordre suivi par eux – qui est aussi celui des anciens
traités médiévaux – est une sorte de disposition « alternante » :
chaque nouvelle fille est placée entre les deux filles de la génération précédente dont elle est issue.

Dans ce qui suit, on numérotera les filles de gauche à droite,
pour simplifier, en respectant l'ordre dans lequel elles sont disposées. On les désignera donc par les symboles P_9 à P_{16}, les autres
symboles P_1 à P_8 étant réservés aux quatre colonnes et quatre
lignes de la matrice mère. L'ordre de construction est le suivant :

P_{15}, puis P_{13}, puis leur somme P_{14} placée entre elles,

P_{11}, puis P_9, puis leur somme P_{10} placée entre elles,

puis celle de troisième génération P_{12} (somme de P_{14} et P_{10}),

et enfin celle de quatrième génération P_{16} (somme de P_{12} et P_1).

Chaque fille se déduit de figures déjà placées en appliquant
la règle de calcul suivante :

— une graine et une graine donnent deux graines,

— deux graines et une graine donnent une graine,

— deux graines et deux graines donnent deux graines.

Mathématiquement, on peut représenter cette règle par une « table d'addition », au sens de l'algèbre moderne, qui n'est autre que la table de l'unique groupe à deux éléments :

Tableau 6.2. Table d'addition des éléments de base de la géomancie
(une ou deux graines)

	•	••
•	••	•
••	•	••

L'addition des figures à quatre éléments s'effectue en appliquant cette règle élémentaire à des quadruplets, c'est-à-dire à des listes ordonnées de quatre valeurs égales à un ou deux. Mathématiquement, cela revient à utiliser l'opération du groupe produit à seize éléments. Par exemple, les quadruplets (un, un, un, deux) et (deux, deux, un, un) se combinent de la manière suivante :

$$\bullet \quad \bullet \quad \bullet \quad \bullet\bullet \quad + \quad \bullet\bullet \quad \bullet\bullet \quad \bullet \quad \bullet \quad = \quad \bullet \quad \bullet \quad \bullet\bullet \quad \bullet$$

L'élément neutre de cette opération est la figure ne contenant que des deux, qui ne change rien quand elle est combinée à une figure quelconque, par exemple :

$$\bullet \quad \bullet \quad \bullet \quad \bullet\bullet \quad + \quad \bullet\bullet \quad \bullet\bullet \quad \bullet\bullet \quad \bullet\bullet \quad = \quad \bullet \quad \bullet \quad \bullet \quad \bullet\bullet$$

Toute figure est son propre inverse pour cette opération, c'est-à-dire qu'elle donne l'élément neutre quand on la combine avec elle-même, comme on le voit avec le quadruplet (un, un, un, deux) :

$$\bullet \quad \bullet \quad \bullet \quad \bullet\bullet \quad + \quad \bullet \quad \bullet \quad \bullet \quad \bullet\bullet \quad = \quad \bullet\bullet \quad \bullet\bullet \quad \bullet\bullet \quad \bullet\bullet$$

Le nombre total de tableaux de *sikidy* possibles ne dépend que des valeurs données aux seize coefficients de la matrice mère. Comme chacun d'eux ne peut prendre que deux valeurs (un ou deux), il y en a au total 2^{16}, ce qui donne 65 536.

Il est très remarquable que sur tout le territoire de Madagascar, et dans la plupart des ethnies, une règle aussi abstraite soit appliquée avec autant de rigueur. Les seules variantes d'une population à l'autre concernent certains aspects particuliers – l'orientation des figures selon les points cardinaux, comme on le verra –, qui ne remettent pas en cause la construction elle-même. Il existe quelques exceptions, notamment une version simplifiée de la divination, appelée *sikidy joria*, qui ne suit pas les règles ci-dessus et qui est pratiquée par l'ethnie Merina habitant les hauts plateaux autour de la capitale Tananarive et sans doute par d'autres groupes ethniques[15]. Quand on lit les témoignages anciens, on est frappé de constater que les règles du *sikidy* sont stables depuis plusieurs siècles et se sont transmises fidèlement depuis des temps encore plus reculés si l'on remonte aux origines de la tradition arabe. Cet exemple offre un cas intéressant pour l'étude des mécanismes de la transmission orale. Dan Sperber citait un exemple emprunté à Edmund Leach sur les souvenirs des Anglais concernant certains représentants de leur monarchie, et constatait que les gens déforment légèrement la réalité des faits afin que le souvenir prenne une forme plus régulière :

> « La mémorabilité d'un texte semble dépendre d'une structure faite d'homologie et d'inversions que l'usure de la mémoire et mieux encore de la transmission orale, lui confère, s'il ne la possède pas d'emblée[16]. »

Il serait intéressant, de ce point de vue, d'analyser dans quelle mesure les propriétés formelles de la géomancie expliquent la manière dont ses règles se sont conservées à travers les siècles.

LES SEIZE FIGURES DE LA GÉOMANCIE ET L'INTERPRÉTATION DES TABLEAUX

Les figures qui apparaissent dans les positions du tableau de *sikidy* sont à la base du processus d'interprétation des devins. Ces figures ont la forme de quadruplets, c'est-à-dire qu'elles sont composées chacune de quatre éléments valant un ou deux. Leur nombre total est donc égal à seize, soit deux à la puissance quatre. Chacune d'elles porte un nom vernaculaire. Parmi ces quadruplets, les devins distinguent ceux dont le nombre de graines est pair, les princes (*mpanjaka*), des autres appelés esclaves (*andevo*). De plus, ils classent les seize figures selon quatre points cardinaux (tableau 6.3). Leur interprétation des tableaux de *sikidy* dépend essentiellement des figures elles-mêmes, de leur caractère prince ou esclave, de leur point cardinal, et du fait qu'elles apparaissent dans telle ou telle position du tableau.

Tableau 6.3. Classements des seize figures en points cardinaux (système pratiqué par la population Antandroy)

Nord				Sud				Ouest					Est		
adalo	*reniliza*	*alibiavo*	*karija*	*alasady*	*alimizanda*	*tareky*	*asombola*	*alakarabo*	*alokola*	*alikisy*	*alakaosy*	*alohotsy*	*alaimora*	*adabara*	*alotsimay*
•	•	••	•	•	•	•	••	•	•	••	••	••	••	••	••
••	••	••	•	•	•	•	••	••	••	••	•	•	•	••	•
•	••	•	•	••	••	•	••	•	••	••	•	••	••	•	•
••	••	••	••	••	•	•	••	•	•	•	•	•	••	•	••

Pour donner un exemple d'interprétation, une règle simple du *sikidy* affirme qu'un prince est plus fort qu'un esclave. Prenons le cas d'un individu qui consulte à propos d'une maladie[17].

Supposons que le tableau obtenu au cours de cette séance de divination soit celui reproduit ci-après (tableau 6.4). Le consultant est représenté par la colonne de droite de la matrice mère : (deux, un, deux, deux). La maladie s'obtient en additionnant cette colonne avec la fille la plus à gauche, ce qui donne : (deux, deux, deux, deux). Ainsi, lorsque la figure du consultant est un esclave, mais que celle représentant la maladie est un prince, on en déduit que la maladie est grave. C'est le cas dans le tableau 6.4 où le consultant est un esclave et la maladie un prince qui domine le malade et représente donc un sérieux danger.

Les points cardinaux interviennent également dans le processus d'interprétation. Par exemple, deux princes ou deux esclaves de même point cardinal ne se nuisent jamais. Ou encore, certains points cardinaux sont considérés comme « amis », par exemple l'Est et le Sud qui sont tous les deux appelés « terres de princes » (l'Est comporte deux princes sur trois, et le Sud trois sur quatre comme on peut le voir dans le tableau 6.3). Dans le cas de la consultation du tableau 6.4, tout espoir ne sera pas perdu, car le consultant est un esclave de l'Est et la maladie un prince du Sud. Ces deux terres sont alliées et le malade ne mourra pas.

Il existe probablement un lien entre les figures de la géomancie et les signes du Zodiaque : Bélier, Taureau, Gémeaux, Cancer, Lion, Vierge, Balance, Scorpion, Sagittaire, Capricorne, Verseau, Poissons. Cela concerne la géomancie pratiquée aux Comores plutôt que celle en usage à Madagascar. Il est possible que la forme géométrique des figures elle-même, telle qu'elle est dessinée par l'agencement des graines, explique ce lien en évoquant une ressemblance avec le signe zodiacal correspondant. Cela pourrait être le cas du Taureau, par exemple, dont la figure associée en géomancie est (deux, deux, un, un). Les deux couples de graines de la partie supérieure pourraient figurer les cornes du Taureau comme on le voit figure 6.3. Jean-Claude Hébert fait

Tableau 6.4. Le consultant est représenté par la colonne en haut à droite. Pour une consultation à propos de la santé, la maladie est la somme de celle-ci et de celle en bas à gauche, ce qui donne (deux, deux, deux, deux)

```
    •       •      ••      ••
   ••       •      ••       •
    •       •       •      ••
    •       •      ••      ••


 ••    •    •    •    ••   ••   ••    •
  •    •   ••    •    •    ••    •   ••
 ••   ••   ••    •    ••    •    •    •
 ••    •    •    •    ••   ••   ••    •
```

toutefois observer que les symboles traditionnels du Zodiaque utilisés dans l'astrologie européenne n'ont qu'un lointain rapport avec la configuration réelle du groupe d'étoiles de la constellation associée. Or il souligne que ce n'est pas le cas des figures utilisées dans la géomancie arabe (dont la comorienne dérive) qui reproduiraient, selon lui, de façon beaucoup plus fidèle le schéma de la constellation correspondante dans le ciel[18].

Le lecteur n'aura pas manqué d'observer que les figures de la géomancie sont au nombre de seize alors que les signes du Zodiaque ne sont que… douze ! Comment dans ces conditions établir une bijection entre ces deux ensembles ? La réponse est simple : il suffit d'ajouter quatre nouveaux signes à ceux du Zodiaque traditionnel. Leur nom et les figures de géomancie associées sont respectivement l'Écrevisse : (deux, deux, un, deux), le Dragon dont on considère la tête : (un, deux, un, deux) et la queue : (un, un, un, deux), et enfin les Poissons : (deux, un, un, un) qui apparaissent donc deux fois dans ce système, car ils sont également associés à la figure (un, deux, deux, deux).

Figure 6.3 – Correspondance entre le signe zodiacal du Taureau et la figure de géomancie (deux, deux, un, un).

L'efficacité de la construction du *sikidy*, du point de vue de sa capacité de prédiction des événements futurs, est invérifiable expérimentalement. On peut s'interroger sur les raisons qui poussent les devins à suivre des règles aussi élaborées avec autant de fidélité. Une des raisons pourrait être que cette construction complexe est un moyen pour eux d'affirmer leur autorité. Peu importe, finalement, que la construction ait le pouvoir ou non de révéler les événements futurs – ce qui est invérifiable –, elle a au moins le mérite de révéler le sérieux du devin. Car ce point, lui, est vérifiable, il suffit que quelqu'un regarde le devin faire la construction pour que ses éventuelles erreurs soient détectées. En effet, d'une manière générale, les gens connaissent les règles fondamentales du *sikidy*, même s'ils ne sont pas devins. Nous l'avons observé dans les séances de travail sur le terrain, quand le devin avec qui nous enquêtons ne comprend pas une question. Toute l'assistance intervient pour la lui traduire dans les termes du *sikidy*, bien que chaque personne non devin affirme, pour son propre compte, *tsy mahay*, c'est-à-dire « ne pas connaître ».

Le terme *mahay* veut dire « celui qui connaît ». Mais cette notion englobe plusieurs degrés de connaissance, depuis le non-devin qui connaît les règles de base et les termes utilisés mais ne se dira pas *mahay*, en passant par l'apprenti *mianatsy* (littéralement « celui qui apprend »), jusqu'au devin lui-même, et parfois même au grand maître *mpisikilibe* (littéralement « grand *mpisikily* »), *tena mahay* (« vrai connaisseur »), *ombiasabe*

(« grand *ombiasa* »), *andrarangy* (« au sommet de »), *sefon-tsikily* (« chef de *sikily* »), qui a un statut social important. Cette qualité de « connaisseur » est relative, et l'on peut être considéré comme *mahay* pour les gens d'un certain niveau, sans l'être par ceux d'un autre niveau. L'existence de ces différents niveaux de pratiquants motive la « recherche » des *mpisikidy*. Très vite les rumeurs et les réputations se diffusent. L'un des devins avec qui nous travaillons, Njarike, est connu comme *mpisikidy mahay* depuis longtemps, mais un autre plus jeune, Falesoa, peut être placé également dans cette catégorie, en partie grâce à la réputation qu'il a acquise en travaillant avec des Vazaha menant des recherches sur le *sikidy* (c'est-à-dire des Européens, nous en l'occurrence...).

L'âge est un facteur constitutif de cette qualité de *mahay*. Avant quarante ans, les jeunes le sont rarement[19]. Falesoa, qui est âgé de vingt-cinq ans, est un cas à part. Il a fréquenté plusieurs maîtres, qui ont tous remarqué ses dispositions. L'un d'eux, Velonjoha, parle de lui comme *ajaja mahay raha* (« enfant connaisseur »), *mbe ajaja fa tsy tamin'olo* (« encore enfant, mais imbattable »). Nous avons remarqué que, devant le jeune Falesoa, Velonjoha lui adresse la parole en disant *rangahy io* (« vous, Monsieur »), ce qui correspond à un statut d'homme mûr ou de notable. Cependant, un connaisseur, lorsqu'il est devant son maître, dit souvent qu'il est *tsy mahay* (c'est-à-dire « non-connaisseur »), même quand il s'agit parfois de montrer des combinaisons qu'il connaît parfaitement. On donne l'honneur au maître. Plusieurs fois dans les enquêtes, grâce à la vidéo, on constate que l'élève a soufflé au maître ce qu'il fallait faire, alors qu'il se disait *tsy mahay*[20].

ORIGINE DU CLASSEMENT EN POINTS CARDINAUX

Contrairement aux règles de construction des tableaux, qui sont transmises de façon immuable depuis des siècles, la classification des figures en points cardinaux admet plusieurs variantes. À Madagascar, en particulier, cette classification varie d'une ethnie à l'autre, quoique pour chaque ethnie elle soit stable dans le temps. Nos enquêtes nous ont permis d'observer sur le terrain l'utilisation de deux classements malgaches en points cardinaux. Le système antandroy prévaut sur la côte ouest (c'est celui que nous étudierons par la suite)[21]. Le classement antemoro est utilisé à l'est, et se distingue du précédent par le fait qu'il a le même nombre de figures pour chaque point cardinal (quatre figures), ce qui le rapproche des classifications arabes.

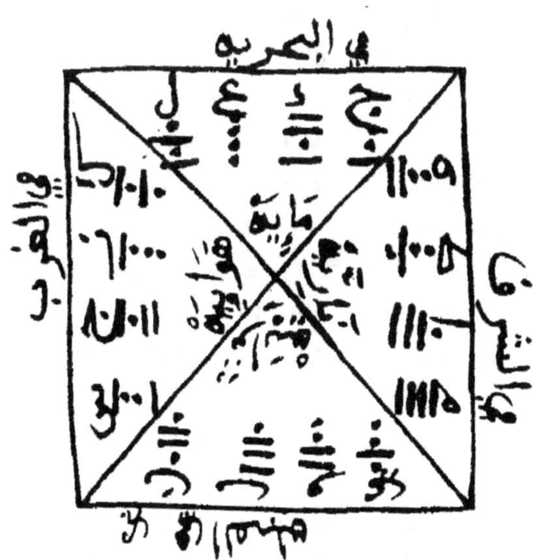

Figure 6.4 – Classement arabe du ms. 2631, f° 65 de la BNF (XVe siècle).

On trouve dans un manuscrit arabe du XVe siècle une classification en points cardinaux proche du système antemoro. Les indications portées sur le manuscrit figure 6.4 montrent clairement que les figures de droite sont à l'est (« levé du soleil »), et celles de gauche à l'ouest (« couché du soleil »).

Il est intéressant de comparer ces trois classements en points cardinaux, en s'interrogeant sur leurs filiations (voir tableau 6.5). Le classement arabe se distingue du système antemoro par deux modifications. La première consiste à permuter les noms des points cardinaux (ouest devient sud, qui devient est, qui devient ouest, ce qui est indiqué par les intitulés des colonnes dans le tableau 6.5).

La deuxième modification distinguant les systèmes arabe et antemoro se traduit par *deux échanges de figures* (indiqués ici par rapport aux points cardinaux antemoro) :

1) permutation A : entre nord et sud, (un, un, un, un) est échangée avec (un, deux, deux, deux)

2) permutation B : entre sud et est, (deux, un, un, deux) est échangée avec (un, un, deux, deux).

Le système antandroy, quant à lui, se distingue de l'antemoro également par deux échanges de figures, mais il est très curieux de constater que l'un annule l'effet du deuxième échange ci-dessus, c'est-à-dire que les figures concernées *retrouvent leur position initiale* du système arabe :

1) permutation B (voir ci-dessus)

2) permutation C : entre est et ouest, (deux, deux, un, un) est échangée avec (deux, un, un, un) et (deux, un, deux, un).

Il en résulte que les systèmes antandroy et arabe ne diffèrent, eux aussi, que par deux échanges de figures. Ce point mérite d'être souligné, car les Antemoro revendiquent le fait qu'ils ont enseigné le *sikidy* aux Antandroy. Jean-Claude Hébert écrivait à ce sujet que le pays antemoro est le plus islamisé de Madagascar, et que de ce fait, leur classement est sans doute « le plus primitif[22] ». Or l'analyse des permutations ne va pas

Tableau 6.5. Classements en points cardinaux antandroy (en haut), antemoro (au milieu) et arabe (en bas). Les permutations de figures propres à chaque système (respectivement C, B, A) sont indiquées. Les points cardinaux arabes sont également permutés

Antandroy

Nord				Sud				Ouest					Est		
•	•	••	•	•	•	•	••	•	•	••	••	••	••	••	••
••	••	••	•	•	•	•	••	••	••	••	•	•	•	••	•
•	••	•	•	••	••	•	••	•	••	••	•	••	••	•	•
••	••	••	••	••	•	•	••	•	•	•	•	•	••	•	••
											C		C		

Antemoro

Nord				Sud				Ouest				Est			
•	•	••	•	••	•	•	••	•	••	••	•	•	••	••	••
••	••	••	•	•	•	•	••	••	••	••	••	•	•	•	•
•	••	•	•	•	••	•	••	•	•	••	••	••	••	•	••
••	••	••	••	••	•	•	••	•	•	•	•	••	••	•	•
				B								B			

Arabe

Nord				Est				Sud				Ouest			
•	•	••	•	•	•	•	••	•	••	••	•	••	••	••	••
••	•	••	•	•	•	••	••	••	••	••	••	•	•	•	•
•	•	•	•	••	••	••	••	•	•	••	••	•	••	•	••
••	•	••	••	••	•	••	••	•	•	•	•	••	••	•	•
	A			A											

dans ce sens, car le système antandroy apparaît « à égale distance » des deux autres :

1) permutation A,

2) permutation C.

Ajoutons que deux propriétés formelles intéressantes apparaissent dans le système arabe :

(*i*) chacun des quatre points cardinaux contient l'une des quatre figures *autosymétriques* (identique à elle-même quand on la lit à l'envers),

(*ii*) dans chaque classe, les trois autres figures ont leurs symétriques dans une même classe, associant ainsi nord et ouest d'une part, et sud et est de l'autre.

Dans le passage au système antemoro, les figures autosymétriques (un, un, un, un) et (deux, un, un, deux) rejoignent (deux, deux, deux, deux), ce qui donne à sud trois figures autosymétriques (qui sont des princes, car l'autosymétrie implique la parité du nombre de graines), alors que nord et est n'en contiennent aucune. On voit que le passage d'un classement à l'autre fait perdre au système une partie de sa cohérence formelle[23].

CHAPITRE 7

Divination (2) : cognition

Le travail que nous avons entrepris depuis quelques années sur la géomancie à Madagascar s'efforce d'aller au-delà des énoncés mathématiques pour accéder, dans la mesure du possible, aux circuits mentaux qui « incarnent » les différentes propriétés étudiées. L'originalité de cette approche est d'associer des chercheurs en anthropologie, en psychologie cognitive et en intelligence artificielle, qui mettent en commun leurs compétences. Les enquêtes ethnographiques permettent de recueillir les connaissances des devins ainsi que les données contextuelles, avec l'aide de la vidéo pour capter certaines explications gestuelles ou décomposer certaines constructions. Elles sont ensuite prolongées par des traitements informatiques modélisant les propriétés formelles du système, et des tests de psychologie cognitive, qui tentent d'expliciter certaines opérations mentales particulières. Tous ces aspects sont finalement coordonnés dans l'élaboration d'hypothèses sur la manière dont la rationalité apparente des traces laissées par les devins – c'est-à-dire les tableaux de graines qu'ils construisent, dont l'analyse mathématique révèle les structures complexes – s'articule avec les modes de penser qui les ont produites.

LA DISTINCTION PAIR/IMPAIR

L'un des premiers problèmes ethnomathématiques qui se posent concernant la géomancie est de savoir si les devins sont conscients que la distinction princes/esclaves des figures repose sur un critère *arithmétique* (prince = nombre pair de graines). Il est très difficile d'aborder ce genre de question dans une enquête ethnographique, faute de pouvoir expliquer à l'informateur sur quel plan conceptuel purement logique on veut situer la question. Les questions du type « comment fais-tu pour distinguer les princes des esclaves ? » appellent toujours des réponses du type « cela vient des ancêtres, de la tradition ». Pour que le devin revienne sur un plan purement logique, il est parfois utile de poser volontairement une question avec une réponse fausse, du type : est-ce que *mpanjaka* + *mpanjaka* donne *andevo* ? C'est une manière d'isoler le terrain logique. Parmi les devins avec qui nous avons travaillé, c'est le plus jeune, Falesoa, qui a compris le plus vite cette attente.

Le critère arithmétique de la distinction prince/esclave nous a été donné de façon inattendue par Raymond, un devin Mahafaly de Tuléar (sud-ouest de Madagascar). Il a placé les huit figures paires les unes à côté des autres (figure 7.1), et fait glisser toutes les graines isolées de manière à les apparier avec une autre graine de la même figure. Il a commenté cette procédure en disant que les princes sont *tsy ota* (« sans péché »), c'est-à-dire que l'appariement ne laisse aucune graine isolée (ce qui est une définition mathématique des nombres pairs). Pour les huit figures impaires, la procédure est la même, mais il reste toujours une graine non appariée. Le résultat est *ota* (« péché »), c'est-à-dire que pour les nombres impairs, la procédure ne tombe pas « juste ». Curieusement, cette association de l'imparité (au sens arithmétique) et du péché semble avoir des racines

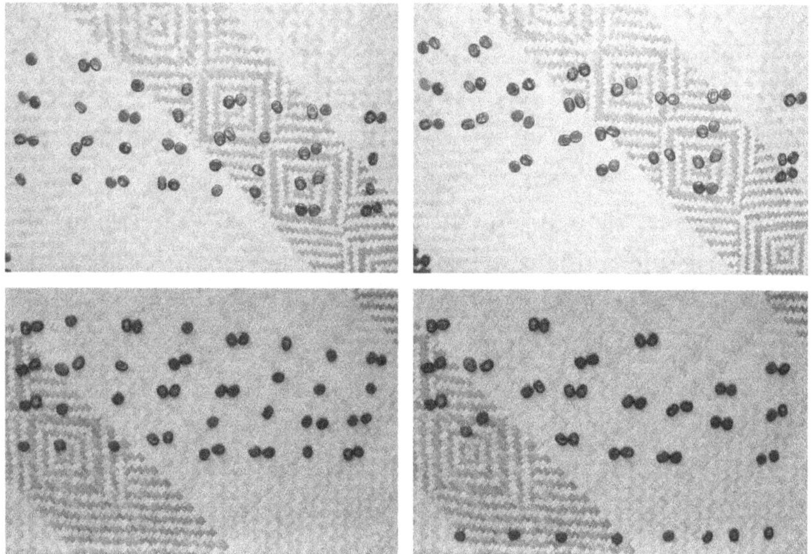

Figure 7.1 – Les huit figures paires (en haut), dont les graines sont groupées par couples, et les huit figures impaires (en bas), dans lesquelles il « reste » une graine après appariement (clichés Annick Armani, 2001).

profondes et universelles. En français, dans l'expression « commettre un impair », le mot désigne une mauvaise action, et en anglais, *odd* signifie non seulement impair, mais aussi bizarre.

Notons qu'à Madagascar, la terminologie *ota* et *tsy ota* est omniprésente dans les différentes communautés de l'île. Dans le Nord par exemple, *tsiota* ou *tsota*[1] signifie le nombre six. On remarque également que le nombre impair, dit *ota* ou incomplet, est souvent quelque chose à éviter. Dans le Sud, lorsque les enfants s'offrent des cadeaux, celui qui reçoit, par exemple une bille, dit à son ami « ton futur enfant n'aura qu'un seul œil ». Dès lors, ce dernier complète son cadeau pour que cela fasse un nombre pair en donnant une nouvelle bille, ainsi que quelques billes supplémentaires (en nombre pair) pour ne pas paraître trop avare. Dans le Nord, la trompe *kabiry* à cinq trous a été amenée par les musulmans, mais les Malgaches jouent le même instrument avec six trous. Dans le domaine de la musique, les

Antandroy disent *ota langoro zao* (« le tambour langoro est *ota* ») pour exprimer que l'exécution d'un rythme est incorrecte. On peut conclure d'après ces exemples que *ota* est quelque chose d'incomplet, d'imparfait, et que les nombres se trouvent ainsi affublés d'une sorte de valeur morale.

Le geste d'appariement des graines, essentiel dans le *sikidy*, est une manière d'exprimer le concept de parité arithmétique. Sur le plan cognitif, il faut toutefois prendre soin de distinguer théorie et pratique. L'explication ci-dessus donnée par Raymond est de nature spéculative. Dans la réalité, les devins ne procèdent pas de cette manière pour effectuer la distinction pair/impair. Une certaine distance sépare le discours réflexif et l'action, ce qui est d'ailleurs conforme à l'origine même du mot « théorie », qui contient l'idée de réflexion spéculative détachée de l'action. Le terme vient du grec *theoria* qui signifie « contempler ».

Pour accéder aux mécanismes mentaux mis en œuvre concrètement, nous avons effectué sur le terrain des *tests chronométriques*. Sur l'écran d'un ordinateur portable, quarante-huit figures de *sikidy* sont proposées successivement, et le *mpisikidy* doit reconnaître celles qui sont des princes et celles qui sont des esclaves, en appuyant sur une touche du clavier (S à gauche ou M à droite, ces touches étant signalées par un papier collant). L'ordinateur mesure les temps de réaction, et on effectue des comparaison des temps obtenus par des devins et des non-devins[2].

Le point remarquable révélé par ces tests, c'est que la symétrie de la figure joue un rôle dans les temps de réaction des sujets *non-devins*. En effet, chez ces derniers, la figure (deux, deux, deux, deux), dont les graines sont groupées symétriquement par couples, donne lieu à une détection plus rapide de la parité du nombre de graines. La courbe présente un pic inférieur à cet endroit. D'une manière similaire, la figure (un, un, un, un) correspond aussi à un minimum de la courbe. Tout se passe comme si la symétrie de la figure permettait de court-circuiter certaines opérations mentales. Dans le cas des sujets devins, en revanche, aucune propriété de ce type n'apparaît. La reconnaissance prince/esclave est pour eux un mécanisme mental tellement intégré que ni le comptage des graines dans les figures, ou le procédé d'appariement expliqué par Raymond, ni l'utilisation des symétries ne sont utiles. Cette facilité à manipuler mentalement les figures, conséquence d'une pratique quotidienne durant des années, fausse les intuitions de l'enquêteur, dépourvu de cette faculté qui ne peut anticiper correctement le comportement des devins.

Sur le plan mathématique, les figures paires ont une propriété algébrique importante : elles forment l'un des sous-groupes à huit éléments du groupe des seize figures. En effet, quand on combine deux figures paires, le résultat est encore une figure paire. On le voit sur cet exemple :

$$\bullet \;\bullet\bullet\; \bullet\; \bullet\bullet \quad + \quad \bullet\bullet\; \bullet\bullet\; \bullet\; \bullet \quad = \quad \bullet\; \bullet\bullet\; \bullet\bullet\; \bullet$$

Le groupe quotient du groupe des figures par ce sous-groupe détermine une loi de combinaison des classes paires et impaires que l'on peut exprimer par la règle suivante :

$$mpanjaka + mpanjaka = mpanjaka,$$
$$mpanjaka + andevo = andevo,$$
$$andevo + andevo = mpanjaka.$$

Les devins sont-ils conscients de cette règle de combinaison des classes *mpanjaka* et *andevo* ? Comme précédemment, nous nous sommes heurtés à des difficultés dans la formulation de la question, car il est difficile de faire la distinction entre combinaisons de classes « en général » (telles que *mpanjaka + mpanjaka*), et combinaisons particulières de figures telles que (un, deux, un, deux) et (deux, deux, un, un) dans l'exemple ci-dessus. Quand on pose la question à un devin, sa réaction est presque toujours de demander de quelles figures *mpanjaka* on parle. Or, du point de

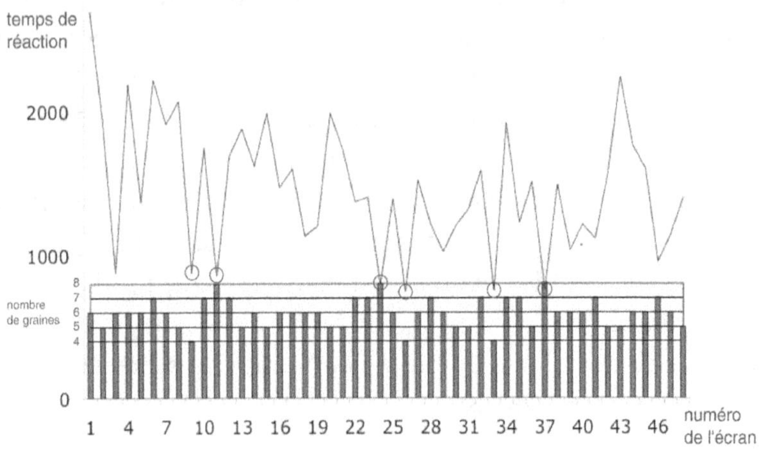

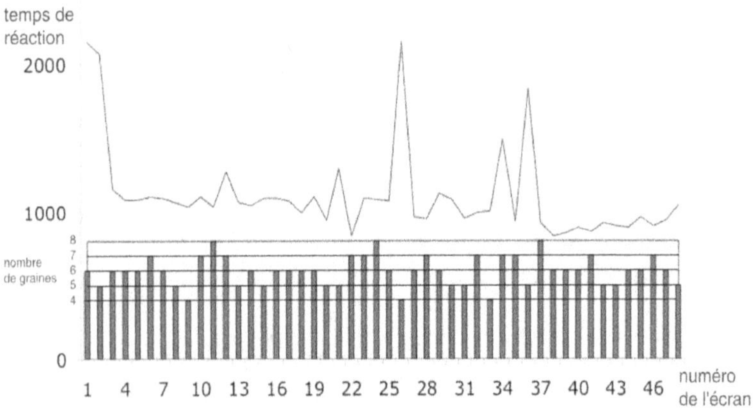

Figure 7.2 – Tests de reconnaissance de la parité des figures
à l'aide de SuperLab (sujet non-devin en haut, sujet devin en bas),
donnant les temps de réponse en millisecondes pour une série de 48 figures.
Les segments verticaux, dans le rectangle inférieur, indiquent les nombres
de graines des figures (de quatre à huit). Pour les sujets non-devins,
un pic inférieur apparaît pour les valeurs quatre et huit.

vue logique, parler d'une figure ou d'une classe de figures sont deux choses différentes. De la même manière, affirmer « la somme de deux nombres pairs et encore paire » n'est pas la même chose que dire « la somme de 6 et 2, qui sont pairs, est égale à 8 qui est aussi pair ». Dans le premier cas, la proposition est limitée à trois entiers particuliers 6, 2 et 8. Dans l'autre, elle s'applique non seulement à ceux-là, mais également à une infinité d'entiers pairs.

Pourtant, nous avons vu ce déplacement conceptuel apparaître d'une manière imprévue et amusante lors d'une séance de travail avec Njarike. Au début de la séance, nous avions tenté de le questionner sur les combinaisons *mpanjaka* et *andevo*, de façon laborieuse, sans vraiment éclaircir la confusion entre figures particulières et classes générales. Un peu plus tard au cours de la séance, alors qu'il construisait les filles d'un tableau de *sikidy* (sans rapport avec la question précédente), il s'est mis spontanément – et avec un peu de malice à notre égard – à énoncer la règle pour chaque nouvelle figure qu'il construisait : « *mpanjaka* et *mpanjaka* donnent *mpanjaka* », « *mpanjaka* et *andevo* donnent *andevo* », etc., selon les cas. Il a d'ailleurs repris intégralement cet énoncé, une fois le tableau terminé, pour chacune des filles, en montrant du doigt les figures concernées. Le déroulé systématique et exhaustif qu'il a fait, et le ton didactique qu'il a employé, montrent qu'il dissocie clairement les deux niveaux. En faisant cela, Njarike s'amusait du malentendu qui s'était introduit dans nos questions précédentes sur la règle de combinaison des classes.

Calcul mental des filles

Les devins sont capables de construire entièrement les filles d'un tableau de *sikidy* de tête, c'est-à-dire sans le réaliser avec les graines. Cette capacité cognitive remarquable avait été notée par Decary[3]. Pour calculer les filles de première génération, ils peuvent le faire en regardant la matrice mère dont elles dépendent directement. Mais pour celles de seconde, troisième, ou quatrième génération, ils doivent en principe mémoriser les résultats intermédiaires.

Pourtant, certaines propriétés de calcul, mises en évidence par Jean-François Rabedimy, pourraient être un moyen de calculer les filles de seconde et troisième génération directement à partir de la matrice mère. Prenons le cas de la fille de seconde génération P_{14} (qui est engendrée par P_{13} et P_{15}). Chacun de ses deux parents est obtenu par l'addition de deux colonnes de la matrice mère : les deux premières dans le cas de P_{15}, les deux dernières dans le cas de P_{13}. Elle-même est donc le résultat de l'addition de ces quatre colonnes. C'est donc en additionnant leurs premiers éléments qu'on obtient son premier élément, c'est-à-dire en faisant la somme des graines de la première ligne. On en déduit que les éléments de P_{14} sont les sommes des graines dans les quatre lignes de la matrice mère. Précisons que la somme s'entend ici « modulo deux », c'est-à-dire en suivant la table d'addition des graines du tableau 6.2 présenté au chapitre précédent.

Tableau 7.1. Calcul de la fille de seconde génération P_{14} directement à partir de la matrice mère

Désignons par s_1, s_2, s_3, s_4 (respectivement s_5, s_6, s_7, s_8) les sommes des graines de chacune des quatre colonnes (respectivement lignes) de la matrice mère. Le raisonnement précédent montre que P_{14} s'exprime directement en fonction de s_5, s_6, s_7, s_8 comme cela apparaît dans le tableau 7.1. Un raisonnement analogue s'applique à P_{10} et aux sommes s_1, s_2, s_3, s_4. En fin de compte, les filles de seconde génération P_{14}, P_{10}, et de troisième génération P_{12}, s'obtiennent directement à partir de la matrice mère au moyen des formules suivantes :

$$P_{14} = (s_5, s_6, s_7, s_8),$$
$$P_{10} = (s_1, s_2, s_3, s_4),$$
$$P_{12} = (s_1 + s_5, s_2 + s_6, s_3 + s_7, s_4 + s_8).$$

On notera que d'après la table d'addition des graines, ces sommes valent un si la figure correspondante a un nombre impair de graines (esclave) et deux dans le cas contraire (prince). Or les tests chronométriques effectués précédemment ont montré que la reconnaissance des princes et des esclaves par les devins est un processus mental profondément intégré. Il est donc probable que, si l'un d'eux regarde la matrice mère du tableau 7.1 ligne par ligne de haut en bas, il voit instantanément la succession (esclave, esclave, prince, prince) et de ce fait, il reconnaît de façon immédiate la figure correspondante (un, un, deux, deux) placée dans la fille P_{14}, presque aussi facilement que s'il avait cette figure sous les yeux.

L'anthropologue Jean-François Rabedimy a décrit explicitement les formules ci-dessus dans son livre sous le nom de « nouveau système[4] ». Une des conséquences pratiques de l'utilisation de ces formules est que l'on peut calculer les filles de seconde ou troisième génération *sans calculer celles de première génération*. Il devient alors possible de modifier l'ordre de construction des figures secondaires. Ainsi, par un simple coup d'œil sur la matrice mère, on peut calculer les filles (excepté la dernière) dans un ordre quelconque, par exemple l'ordre dans lequel elles sont disposées de gauche à droite.

Figure 7.3 – Inversion dans l'ordre de construction, une fille de seconde génération P_{10} est placée avant la fille de première génération dont elle dépend P_9 (cliché Victor Randrianary, 2003)[5].

Il se trouve que nos enregistrements vidéo nous ont permis de capter plusieurs situations dans lesquelles un devin construit un tableau de *sikidy* en inversant l'ordre des figures secondaires. Dans l'une de ces situations, Njarike a construit la colonne P_{10} (deuxième génération) avant P_9 (première génération), alors que, par définition, P_{10} résulte du calcul $P_9 + P_{11}$. Mais ce cas pourrait s'expliquer par des circonstances particulières. L'élément apparu précédemment en P_{11} est l'élément neutre du groupe (figure ne comportant que des deux) qui a la propriété de laisser inchangée toute figure avec laquelle on le combine. Pour cette raison, Njarike peut prévoir que P_{10} et P_9 contiennent nécessairement la même figure, et sont donc interchangeables. Mais on verra plus loin que d'autres situations similaires peuvent advenir sans apparition de l'élément neutre.

Lorsque le cas ci-dessus s'est produit, nous avons demandé des explications à Njarike, qui a répondu : « *Lane tsianjere zane, lane tsianjere* » (« Je connais par cœur, je connais par cœur »). Le terme « *tsianjere* » – *tsianjery* dans le langage officiel – signifie exactement « connaître par cœur ». Auparavant dans l'Éducation nationale, on utilisait *tsianjery* pour désigner la poésie en tant que matière. Voyant que nous avions compris qu'il est impossible de connaître par cœur le résultat de quelque chose qui a été pris au hasard, Njarike a changé de terminologie, en affirmant « *fa haiko* » (« je connais »), puis « *fa nao fa hay, tsy maintsy fa hay te izao ty fañazava itoy* », ce qui veut dire : « lorsque l'on connaît, on sait obligatoirement comment sera la suite ». Ici Njarike veut dire qu'il connaît tellement ce type d'opération que, quand il voit le début d'un tableau, il sait déjà quelles seront les filles. Il n'a pas besoin de faire de calcul, comme s'il connaissait « par cœur » le résultat.

Nous avons effectué des tests chronométriques pour étudier ces calculs mentaux. Sur l'écran d'un ordinateur, des tableaux de *sikidy* sont proposés, dont les filles sont remplacées par de simples rectangles verticaux sauf pour l'une d'entre elles. Par rapport à la matrice mère, cette unique fille apparente est soit correcte, soit incorrecte. Le devin doit dire si le calcul est juste ou non en appuyant sur une touche à gauche ou à droite selon le cas, après avoir vérifié de tête. L'expérience comporte quarante écrans successifs, dans lesquels vingt matrices mères sont présentées chacune deux fois dans un ordre arbitraire. Trois versions du test sont proposées, respectivement avec une fille de première, deuxième ou troisième génération. De façon inespérée, les tests ont apporté des informations très riches, car les devins se sont mis spontanément à *verbaliser à haute voix* les opérations qu'ils réalisaient. Les expériences étant enregistrées en vidéo, il a été facile ensuite de relever le détail de ces opérations.

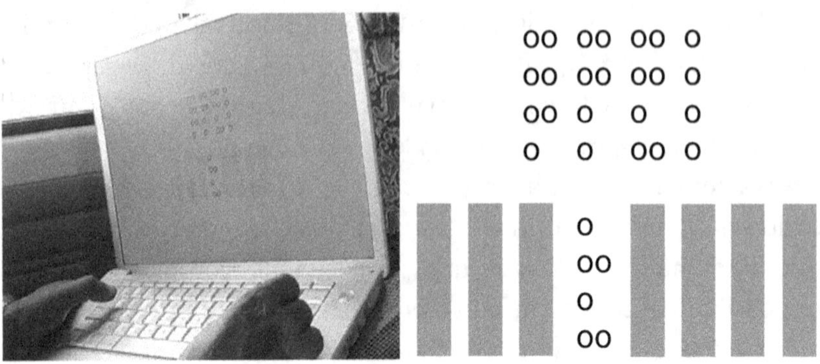

Figure 7.4 – Test de calcul mental des filles. Elles sont toutes grisées
sauf une et le devin doit dire si elle est correcte ou non
par rapport à la matrice mère (cliché Marc Chemillier, 2005)[6].

Les résultats obtenus montrent que le devin respecte l'ordre
des générations pour une part, mais en court-circuitant certaines opérations intermédiaires pour une autre part. Une fois
sur deux environ, il donne le nom d'une fille de deuxième génération, sans donner le nom de l'une des filles de première génération dont elle dépend. Il semble donc assez courant que les
filles de deuxième génération soient calculées sans passer par
celles de première génération. En revanche, pour celle de troisième génération, le calcul direct ne semble pas utilisé, sauf
dans certains cas particuliers comme on va le voir.

Si la matrice mère est symétrique par rapport à la
deuxième diagonale, la fille de troisième génération est nécessairement égale à l'élément neutre (deux, deux, deux, deux). Or
précisément, dans les cas où la matrice mère proposée était
symétrique, le devin a souvent répondu directement pour cette
position, en ne citant aucune position intermédiaire. Certes, le
caractère immédiat de sa réponse pourrait être dû au fait qu'il
reconnaît une matrice mère déjà connue de lui. Cela s'est produit, mais l'identification s'accompagnait alors de commentaires. Dans les autres cas, il semble que la propriété de symétrie soit la bonne explication d'autant que nous avons effectué
les tests plusieurs fois, et qu'il est arrivé que la réponse ne soit

pas directe dès la première, comme si le devin n'avait pas vu la symétrie tout de suite. Ainsi, on peut faire l'hypothèse que le devin utilise la symétrie de la matrice mère pour court-circuiter le calcul de la fille de troisième génération, parce qu'il anticipe le fait qu'elle contient l'élément neutre.

Dans la pratique de la divination, les devins vérifient mentalement la construction des tableaux en utilisant certaines de leurs propriétés. L'une d'elles est que *pour tout tableau de* sikidy, *la fille de troisième génération est nécessairement un prince* (c'est-à-dire une figure ayant un nombre pair de graines). Cette propriété des tableaux géomantiques a été observée de longue date, et elle est connue dans la tradition ancienne de la géomancie[7]. Elle est mentionnée, par exemple, dans le traité de Christophe de Cattan au milieu du XVIIe siècle.

Au stade actuel de l'enquête, il est impossible de dire si les devins sont capables de justifier cette proposition par un argument logique. Il est pourtant possible d'en donner une démonstration mathématique, dont l'idée intuitive est que la somme des graines dans la fille de troisième génération est égale au double de la somme de tous les éléments de la matrice mère, une fois dans l'ordre des lignes et une fois dans l'ordre des colonnes, ce qui fait que cette somme est nécessairement paire. Plus précisément, revenons au calcul décrit plus haut pour exprimer la fille P_{12} en fonction des sommes de graines dans les lignes et colonnes de la matrice mère :

$$P_{12} = (s_1 + s_5,\ s_2 + s_6,\ s_3 + s_7,\ s_4 + s_8).$$

Désignons par s_{12} la somme des graines de P_{12} et par s celle de toutes les graines de la matrice mère (l'addition des graines étant toujours effectuée « modulo deux », comme précédemment). Il est évident que s est égale à chacune des sommes $s_1 + s_2 + s_3 + s_4$ d'une part et $s_5 + s_6 + s_7 + s_8$, d'autre part car l'une comme l'autre consistent à additionner toutes les graines de la matrice mère. On en déduit :

$$S_{12} = (S_1 + S_5) + (S_2 + S_6) + (S_3 + S_7) + (S_4 + S_8)$$
$$= (S_1 + S_2 + S_3 + S_4) + (S_5 + S_6 + S_7 + S_8)$$
$$= S + S.$$

Or la table d'addition des graines (tableau 6.2 du chapitre précédent) montre que la somme de deux éléments identiques est toujours égale à deux. Ainsi, la somme des graines de la figure en position P_{12} vaut deux, ce qui prouve qu'il s'agit d'un prince.

En réalité, l'analyse mathématique de la construction des tableaux permet d'aller plus loin. On peut additionner deux matrices mères de la même façon que l'on additionne deux figures : en faisant la somme de leurs éléments situés en même position. Les matrices forment un groupe pour cette opération. Considérons l'une des positions P_i d'un tableau de *sikidy* parmi les P_1 à P_{16}. Si l'on additionne deux matrices M et N, la figure qui sera en position P_i dans le tableau défini par la matrice mère $M + N$ est exactement la somme des figures en même position dans les tableaux définis par M et N, ce que l'on peut écrire :

$$P_i(M + N) = P_i(M) + P_i(N).$$

Chaque position du tableau peut donc être vue comme un *morphisme* du groupe des matrices mères dans celui des figures[8]. On en déduit que les figures apparaissant dans une position donnée forment l'image du morphisme correspondant, et constituent de ce fait un sous-groupe du groupe des figures. On peut alors montrer que (a) pour la fille de troisième génération P_{12}, l'ensemble des figures obtenues est exactement le sous-groupe des princes, et (b) que pour toutes les autres positions, cet ensemble est le groupe des figures tout entier, ce qui signifie que toute figure peut apparaître dans toutes les positions autres que P_{12}.

Une autre propriété servant à vérifier la correction des tableaux est une identité remarquable mise en évidence par Jean-François Rabedimy sous le nom de *tsy misara-telo* (les

« trois inséparables »)[9]. Elle consiste à affirmer que dans tout tableau de *sikidy*, les trois sommes suivantes sont toujours égales entre elles :

$$P_{16} + P_{10} = P_2 + P_{13} = P_1 + P_{14}.$$

Il est facile de s'en convaincre en exprimant ces combinaisons en fonction des positions de la matrice mère P_1 à P_8. Rappelons que toute figure combinée à elle-même donne l'élément neutre et se trouve, de ce fait, éliminée du calcul. Après simplification, chacune des trois sommes ci-dessus se ramène à la même combinaison $P_2 + P_3 + P_4$.

Marcia Ascher a montré qu'il existe une deuxième identité remarquable de ce type[10] :

$$P_{16} + P_2 = P_{12} + P_{15} = P_{10} + P_{13}.$$

mais elle n'est pas attestée dans les études sur le terrain. Quoique nous n'ayons observé aucune d'elles dans la pratique, l'hypothèse d'une utilisation de ces égalités reste plausible, car on a vu que le processus de divination consiste à faire mentalement des combinaisons de colonnes parmi les seize du tableau, par exemple, la « maladie » est donnée par $P_1 + P_9$. Il est assez naturel qu'à l'usage, les devins aient remarqué les égalités ci-dessus.

Les règles de vérification que l'on vient de voir méritent d'être considérées un instant sous l'angle de leur statut logique. En effet, leur domaine de validité est l'ensemble de tous les tableaux, c'est-à-dire un ensemble impossible à énumérer manuellement. La situation est donc différente de celle observée plus haut à propos de la distinction princes/ esclaves, où Raymond utilisait une énumération explicite pour montrer la portée logique d'une propriété (*tsy ota*) partagée par les huit princes rangés côte à côte sur la natte. Rien de tel n'est possible quand il s'agit d'une propriété théoriquement valable pour 65 536 items. On peut, bien sûr, en utilisant une tournure de langue adéquate, affirmer qu'une propriété s'applique à tous les tableaux. Par exemple, à propos du *tsy misara-telo*, Jean-François Rabedimy nous expliquait :

> « *Ka na ino tableau eto, raha ohatra mbola manaraka ny lalà-nan'ny na lilin'ity sikidy ity, tsy maintsy ahazahoana an'izay.* »
> « Peu importe ce tableau-là, si l'on suit la règle du *sikidy*, on obtient toujours cela. »

Mais la portée précise de l'affirmation « peu importe ce tableau » reste indéterminée, car elle est limitée à un constat empirique. La quantification universelle « quel que soit le tableau » ne porte pas sur l'inventaire exhaustif des items, mais sur l'accumulation empirique des cas transmis par la tradition[11].

TABLEAUX REMARQUABLES
TOKA OU *FOHATSE*

Certains tableaux particuliers jouent un rôle fondamental dans la divination. Leur apparition dans une séance de géomancie est un événement qui nécessite une attention spéciale. Il est très curieux de constater, comme on va le voir, que la définition de ces tableaux repose sur des critères purement logiques (nombre d'apparitions de tel ou tel élément).

Le premier type de tableaux remarquables étudiés par les devins est désigné par le terme *toka* (ou *tokan-tsikidy,* ou encore *sikidy into*[12]). On appelle ainsi un tableau dans lequel *l'un des points cardinaux n'est représenté qu'une seule fois parmi les seize positions du tableau.* Ces tableaux sont particulièrement important-tants. Quand ils apparaissent, on jette une poudre sur certaines figures et, après avoir retiré les graines, on recueille dans un petit sachet la poudre ainsi répandue, dont on fabrique un talis-man considéré comme dangereusement efficace. La photo prise

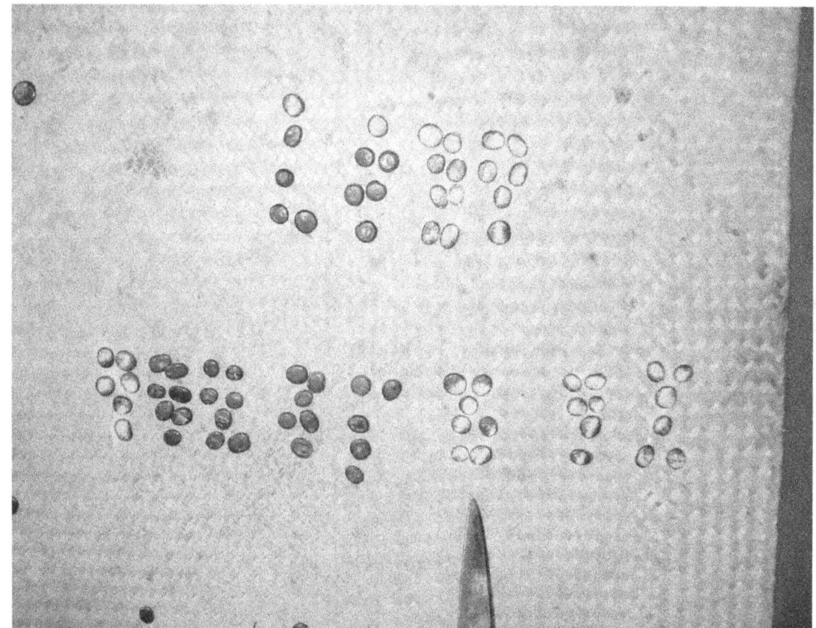

Figure 7.5 – Un toka *dont certaines colonnes sont recouvertes de poudre (cliché Annick Armani, 2001).*

chez Boribory, un devin très consulté à Tuléar, montre un tableau *toka* en deuxième colonne mère à partir de la droite pour la figure n'ayant que des deux. Celle-ci est en effet la seule orientée au sud comme on peut le vérifier en se reportant au tableau 6.3 des points cardinaux antandroy donné au chapitre précédent, ce qui lui confère un pouvoir particulier. La poudre a été versée sur cette colonne, ainsi que sur les positions du tableau orientées à l'est (première ligne et colonne de droite de la matrice mère, première fille à gauche, trois dernières filles à droite).

L'autre catégorie de tableaux particuliers qui intéresse les devins est appelée *sikidy fohatse*. Le terme antandroy *fohatse* n'apparaît dans aucun ouvrage sur le *sikidy* et semble spécifique à la divination. Il désigne les tableaux dans lesquels *une même figure est répétée un grand nombre de fois, c'est-à-dire concrètement, un nombre de fois supérieur à huit*[13]. Les devins s'intéres-

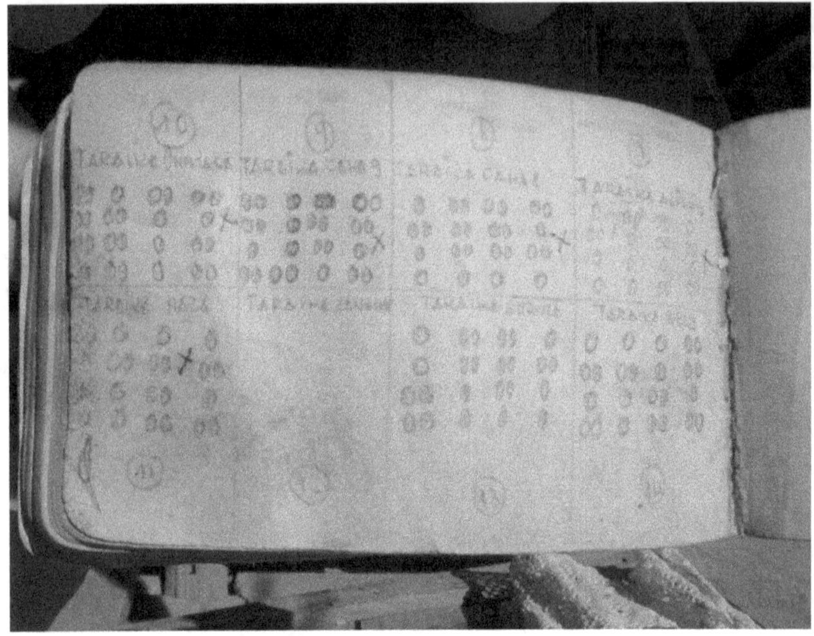

Figure 7.6 – *Classement systématique de* toka *dans un carnet de devin*
(cliché Marc Chemillier, 2001).

sent également aux possibilités de combiner les propriétés logiques entre elles, par exemple en cherchant des tableaux qui soient à la fois *fohatse* pour une certaine figure, et *toka* pour une autre, ou bien plusieurs fois *toka*.

Le prestige des devins repose en partie sur la quantité de tableaux de ce type qu'ils connaissent. C'est pourquoi ils les recherchent activement. L'un des résultats majeurs obtenus au cours de nos missions de terrain a été la découverte de l'existence de carnets dans lesquels ils notent ces configurations remarquables[14]. Nous avons pu en photographier et même photocopier certaines pages. L'un d'eux, appartenant à un devin antemoro vivant dans la capitale, Tananarive, a révélé l'utilisation de méthodes de classification systématiques de ces tableaux, comme en atteste la photo figure 7.6. La page est divisée en cases, dans lesquelles sont rangées des configurations de graines (seules les matrices mères sont notées). Mais l'une des cases est vide. Cette situation rappelle la classification périodique des éléments établie par le chimiste russe Dmitri Mendeleïev (1834-1907) qui avait prévu dans son tableau des corps simples – oxygène, hydrogène, carbone, métaux, etc. – la possibilité de découvrir certains nouveaux éléments encore inconnus à l'époque. De la même façon, le devin a envisagé dans son carnet la possibilité d'existence de tableaux de *sikidy* d'un certain type défini par la case vide, alors même qu'il n'en avait encore jamais rencontré.

Les *tokan-tsikidy* sont importants pour la pratique de la divination, mais ils sont aussi recherchés pour eux-mêmes, comme une sorte d'exercice intellectuel. Falesoa, par exemple, distingue bien ces deux niveaux. Alors que nous lui demandions de trouver un *toka* d'un type particulier, il nous a expliqué que ce *toka* n'avait pas d'utilité dans sa pratique, mais qu'il pouvait essayer d'en trouver un pour s'amuser, ce qu'il a d'ailleurs fait :

> « *La te ho aviko avao nao kalkileviko, fa laha ohatsy i tsy kalikileviko satria raha rey i tsy manimaniakao, fa tsy manan'asa amako.* »
>
> « Je peux certainement en calculer, mais je n'en calcule pas, car ça n'a pas d'importance pour moi, je n'en ai pas l'utilité [dans ma pratique de guérisseur]. »

Les *toka* sont des objets formels, considérés indépendamment de leur fonction divinatoire. Ainsi, il existe deux niveaux dans le savoir développé par les devins, celui du jeu intellectuel avec sa logique abstraite d'une part, et celui du prolongement interprétatif et de la fonction thérapeutique d'autre part. Notons qu'ici, Falesoa utilise le terme *kalkileviko* (« je calcule »), qui est un mot français malgachisé et intégré dans la langue malgache, comme cela est courant. Mais la question reste ouverte de savoir s'il existe un mot spécifique pour désigner cette activité de recherche de tableaux de *sikidy*.

Il faut mentionner ici une expérience menée avec Falesoa. La plupart du temps, les devins acceptent le défi qu'on leur lance en leur demandant s'ils sont capables de trouver un *toka* pour une figure donnée et une position donnée, même si *a priori* ils n'en connaissent pas. En règle générale, ils parviennent au résultat correct. À partir d'une matrice mère initiale, ils procèdent par approximations successives, en effectuant une suite de transformations. La vidéo joue un rôle fondamental, car elle permet de mémoriser les étapes intermédiaires et de les reconstituer *a posteriori*. Au cour d'une expérience de ce type, Falesoa a trouvé une solution en dix-huit étapes. Le contrôle qu'il effectue dans l'énumération des possibilités est remarquable, car il n'y a qu'un seul doublon parmi ses dix-huit étapes : à l'étape quinze, il revient à la matrice étudiée à l'étape sept. Cela pourrait indiquer qu'il mémorise les différentes matrices au fur et à mesure du calcul. Mais sur le plan psychologique, il paraît difficile d'imaginer que la mémoire parvienne à stocker autant d'informations si elle n'est pas aidée par un principe directeur. Il est donc peu vraisemblable que cette recherche soit effectuée à l'aveuglette. Notons toutefois que d'autres exemples de recherches analogues n'ont pas donné des résultats aussi remarquables, et que, pour le moment, les heuristiques éventuellement mises en œuvre par les devins dans ce genre de recherche nous échappent.

Outre les recherches personnelles qu'effectuent les devins pour découvrir de nouveaux *toka*, ces tableaux sont également l'objet de transactions entre eux. Un moyen simple de connaître un plus grand nombre de *toka* est en effet d'en acheter à un devin. Un tableau ou une série de tableaux de *sikidy* importants peuvent s'acquérir pour un prix élevé. Dans le sud de Madagascar, chez les Antandroy, le bétail est un moyen de mesurer la richesse des individus. Une page de carnet de *sikidy* peut valoir dans ce contexte un ou plusieurs zébus.

Nous avons participé à ce type de transactions (mais sans monnayage contre des zébus...), en proposant à des informateurs quelques tableaux de *sikidy* calculés par ordinateur en échange d'informations sur leurs connaissances. Ces échanges nous valent d'être considérés comme *ombiasabe* ou grands devins. Nous avons en effet réalisé un programme en Lisp qui permet d'énumérer les tableaux *tokan-tsikidy* et, plus généralement, d'extraire tout sous-ensemble de tableaux vérifiant une propriété particulière. Un tel programme met quelques secondes sur un ordinateur portable pour parcourir l'ensemble des 65 536 tableaux de *sikidy* possibles. On peut ainsi calculer le nombre de *tokan-tsikidy* en fonction de la répartition en points cardinaux utilisée :

Tableau 7.2. Nombre de tokan-tsikidy *en fonction du classement en points cardinaux*

Points cardinaux	Nombre de *tokan-tsikidy*
antandroy	15 125
antemoro	12 496

Concernant les tableaux *fohatse,* notre programme montre qu'à partir de huit occurrences d'une même figure, certaines impossibilités apparaissent. Il est impossible, en effet, d'obtenir exactement huit occurrences des figures suivantes bien qu'on puisse, pour certaines d'entre elles, obtenir plus de huit occurrences (voir au chapitre précédent le tableau 6.3 donnant les noms des figures) : *alokola, alikisy, alaimora, renilaza, alibiavo, adalo, tareky*. En revanche, il est toujours possible de construire un tableau avec exactement sept occurrences d'une figure donnée, quelle que soit cette figure[15].

Lorsque c'est possible, le nombre de manières d'obtenir plus de huit occurrences varie de un à trente environ. Il arrive que la solution soit unique, selon la figure choisie et le nombre d'occurrences voulues. C'est le cas des configurations remarquables ci-après, qui sont connues des devins pour la plupart.

Tableau 7.3. Unicité des sikidy fohatse *pour certaines répétitions de figures*

Figures donnant un *fohatse* unique	Nombre de répétitions
asombola	16
karija, alimizanda, alakarabo	11
alakaosy	10
tareky, alimizanda, adalo, karija, alokola	9
alotsimay, alohotsy, alakaosy	8

Nous avons commencé à recueillir systématiquement des copies de carnets de devins. L'étude de ces précieux documents fait apparaître certaines *mises en série,* qui lèveront peut-être une partie du mystère entourant les méthodes utilisées par les devins pour rechercher des *tokan-tsikidy,* en montrant plus précisément comment ils restreignent l'espace de recherche à certaines classes particulières. La page reproduite ci-après fait apparaître une série remarquable de *toka* ayant leurs quatre colonnes mères égales (dont les matrices mères sont encadrées figure 7.7, celles en pointillé étant des duplications, sans doute par inattention).

Les tableaux de cette classe ont des propriétés très particulières, qui peuvent s'exprimer à travers une suite de propositions, dont chaque étape est élémentaire, mais dont la succession produit un raisonnement assez complexe :

1) Dans un tableau avec quatre colonnes mères égales, chaque ligne mère contient soit la figure ne comportant que des deux, soit celle ne comportant que des uns.

2) Dans un tableau avec quatre colonnes mères égales, les filles de gauche de première et deuxième génération (combinaisons des lignes mères) sont égales à l'une ou l'autre des deux figures ci-dessus (ne comportant que des deux, ou que des uns).

3) Dans un tableau avec quatre colonnes mères égales, les filles de droite de première et deuxième génération (combinaisons des colonnes mères) sont toutes égales à la figure élément neutre (ne comportant que des deux).

4) D'après (2) et (3), la fille de troisième génération est égale soit à la figure ne comportant que des deux, soit à celle ne comportant que des uns.

5) Il en résulte qu'un tel tableau ne peut être *toka* que dans la dernière position secondaire (quatrième génération).

6) Si le tableau est *toka*, la dernière position secondaire doit être différente de la première colonne mère, donc la fille de troisième génération (égale à la somme des deux) ne peut contenir la figure élément neutre (n'ayant que des deux), donc d'après (4), elle contient la figure ne comportant que des uns.

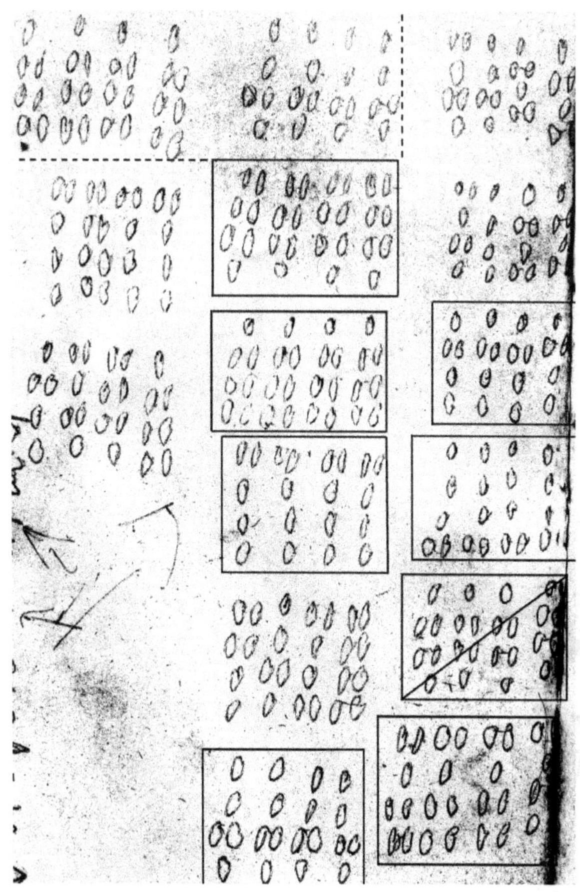

Figure 7.7 – Page de carnet avec une série remarquable de toka.

7) Comme d'après (3), la fille de deuxième génération de droite est l'élément neutre, et d'après (6), celle de troisième génération contient la figure n'ayant que des uns, il en résulte que la fille de deuxième génération de gauche contient aussi la figure n'ayant que des uns.

8) Si la fille de deuxième génération de gauche ne comporte que des uns, cela implique que les colonnes de la matrice mère sont toutes des esclaves.

9) On en déduit finalement qu'un tableau avec quatre colonnes mères égales ne peut être *toka* que si la figure répétée de la matrice mère est un esclave.

De plus, il faut noter que la figure de la dernière fille est aussi impaire, car d'après (6), elle est complémentaire de la première colonne mère[16], c'est-à-dire que leur somme est la figure ne comportant que des uns. Comme il existe un esclave au sud (un, un, deux, un), il ne reste plus que *sept solutions* : la figure répétée doit être prise parmi les huit figures impaires, excepté

Tableau 7.4. *Un tableau avec quatre colonnes mères égales, dont la figure répétée est l'esclave (deux, deux, deux, un) et qui est* toka *au nord pour la dernière fille* P_{16} *en bas à droite*

```
              o      o      o      o

             ••     ••     ••     ••    s

             ••     ••     ••     ••    s

             ••     ••     ••     ••    s

              •      •      •      •    s


    •    •   ••    •   ••   ••   ••  | •
    •    •   ••    •   ••   ••   ••  | •
    •    •   ••    •   ••   ••   ••  | •
    •    •   ••    •   ••   ••   ••  | ••

    s    s    s    s    s    s    s    n
```

la figure (deux, deux, un, deux) dont le complémentaire est l'esclave du sud. Le tableau 7.4 montre une matrice mère obtenue en répétant la figure (deux, deux, deux, un) qui est esclave de l'ouest. Comme on pouvait s'y attendre d'après le raisonnement précédent, le tableau est *toka* pour la dernière fille en bas à droite, qui est l'unique figure orientée au nord.

Dans la page du carnet de devin, on trouve les sept solutions correctes, mais avec une matrice supplémentaire (barrée dans la reproduction) qui est notée par erreur, car la figure répétée (un, deux, deux, un) n'est pas un esclave, et ne donne pas un tableau *toka*. Plusieurs devins connaissent cette série de sept *toka* pour la fille de quatrième génération, et lorsqu'on leur montre l'une des matrices mères à quatre colonnes égales, ils savent énumérer les six autres sans hésitation, mais nous ne savons rien des connaissances et des raisonnements qu'ils associent à cette série.

TRANSFORMATIONS DE LA MATRICE MÈRE

Mathématiquement, les transformations géométriques simples qui laissent invariant un carré forment le *groupe diédral d'ordre quatre*, qui comporte l'identité, les trois rotations (respectivement un quart, un demi, et trois quarts de tour), ainsi que les quatre symétries, par rapport aux axes verticaux, horizontaux, et diagonaux[17]. Il s'agit là de transformations faciles à se représenter, dont il est naturel que les devins aient expérimenté l'effet sur la matrice mère d'un tableau de *sikidy*.

La première transformation de la matrice mère utilisée par les devins est la symétrie par rapport à la deuxième diagonale, que nous appellerons « transposition », car elle est identique à l'opération d'algèbre linéaire appelée *transposition de matrice*, à ceci près que la convention mathématique est d'inverser les lignes et les colonnes par rapport à la première diagonale, alors que les devins malgaches effectuent l'inversion par rapport à la deuxième diagonale : la ligne du haut devient la colonne de droite (et non de gauche). Cela vient du fait qu'ils lisent les lignes, comme on l'a vu, de la droite vers la gauche, trace de l'origine arabe du *sikidy* et du sens dans lequel on écrit l'arabe.

La transposition de la matrice mère a la propriété de conserver quinze figures parmi les seize du tableau initial. Cela résulte du fait que le système du *sikidy* fait jouer des rôles quasi symétriques aux lignes et aux colonnes de la matrice mère. Plus précisément, la transposition échange les colonnes secondaires P_{13}, P_{14}, P_{15} avec P_9, P_{10}, P_{11}, en laissant P_{12} inchangée (celle de troisième génération). On peut le vérifier sur le tableau 7.5 qui montre deux matrices mères transposées l'une de l'autre. Seule la fille de quatrième génération est susceptible de faire apparaître une nouvelle figure, non présente dans le tableau initial. Il existe d'ailleurs certaines conditions suffisantes, faciles à vérifier, pour que cela ne se produise pas :

(*i*) si la première ligne est égale à la colonne de droite (cas du tableau 7.5),

(*ii*) ou si l'élément neutre apparaît dans la fille de troisième génération.

De plus, si la matrice mère est symétrique par rapport à la deuxième diagonale, alors ces deux conditions sont simultanément remplies.

Ainsi, la transposition de la matrice mère modifie au plus une figure dans un tableau de *sikidy*, de telle sorte que si celui-ci était *toka* au départ, il y a de fortes chances pour qu'il le reste

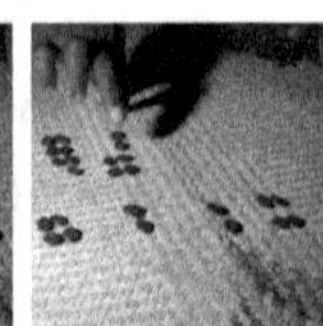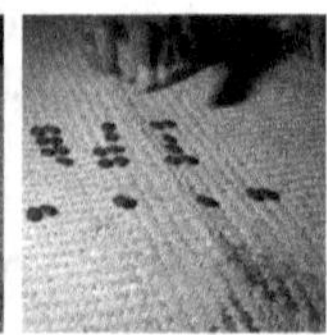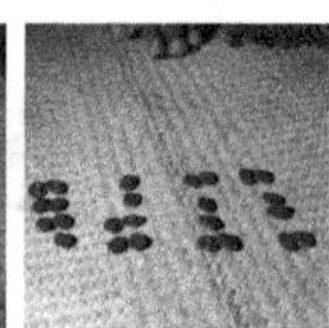

Figure 7.8 – Un devin réalise une transposition de matrice
(clichés Victor Randrianary)[18].

Tableau 7.5. La transposition de la matrice mère consiste
à inverser les lignes et les colonnes. Les filles P_{13}, P_{14}, P_{15}
sont échangées avec P_9, P_{10}, P_{11}

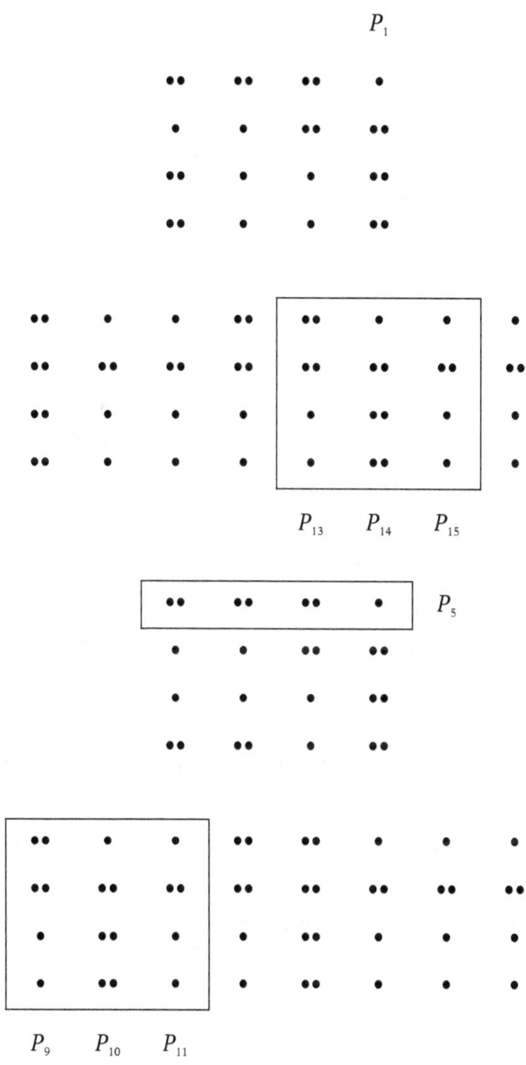

après transposition. Cette opération apparaît donc comme un moyen d'obtenir, dans de nombreux cas, un nouveau *toka* à partir d'un *toka* donné. Le terme que les devins antandroy utilisent pour désigner cette opération est *avaliky*, dont l'infinitif *mivaliky* signifie « inverser » dans le dialecte du Sud. Le terme correspondant en malgache officiel est *avadika* (où le « l » est remplacé par « d », substitution habituelle lorsqu'on passe de l'un à l'autre de ces deux dialectes, voir *sikidy* et *sikily*). Les devins réalisent l'opération par des gestes consistant à faire glisser les graines sur la natte où elles sont disposées, d'abord celles de la première ligne qui sont placées en colonne, puis celles de la deuxième ligne qui sont placées en colonne à gauche de la précédente, etc. (figure 7.8).

L'opération de transposition apparaît d'elle-même quand on s'intéresse aux tableaux *toka*. Par exemple, il existe certaines impossibilités d'obtenir une figure donnée *toka* dans une position donnée. Ces cas, dont le calcul a été fait par ordinateur, sont regroupés dans le tableau 7.6 (pour les noms des figures, se reporter au tableau 6.3 du chapitre précédent).

Si l'on regarde les positions obtenues, on constate qu'à une exception près, elles sont liées entre elles par l'opération de transposition : P_{11} et P_{15} d'un côté, P_9 et P_{13} de l'autre, et P_{12} qui est d'une certaine manière autotransposée. Les devins, qui connaissent ces impossibilités, n'ont pas manqué de remarquer qu'elles se groupent par couples de colonnes échangeables sous l'effet d'une transposition. En revanche, la dernière impossibilité (*alohotsy toka* en P_{10}) est une singularité. La colonne associée par transposition P_{14} permet d'obtenir des *toka* avec la figure *alohotsy*.

Tableau 7.6. Impossibilité d'obtenir des toka dans certaines positions
(système antandroy)

Positions	Impossibilités de *toka*
P_{12}	les huit figures impaires
P_{11}, P_{15}	*tareky, asombola, alasady*
P_9, P_{13}	*alakarabo, alokola, alohotsy, alakaosy*
P_{10}	*alohotsy*

Un autre cas intéressant faisant intervenir l'opération de transposition est celui du triple *toka*. Jean-François Rabedimy nous a montré un tableau qui a la propriété remarquable d'être trois fois *toka*, en conjecturant qu'il n'en existe qu'un seul de ce type. Le calcul par ordinateur a confirmé son intuition, car la solution est bien unique, *mais à une transposition près*. Il existe en fait deux matrices mères donnant un tableau trois fois *toka*, qui sont transposées l'une de l'autre. On notera d'ailleurs que la première ligne est égale à la colonne de droite, ce qui constitue une condition suffisante pour qu'un tableau reste *toka* après transposition. Ce tableau est connu des devins.

Tableau 7.7. Unique triple toka *(à une transposition près)*

```
           s     o     s     s
           •    ••     •     •    s
           •    ••     •     •    s
          ••    ••    ••    ••    s
           •     •     •     •    s

     •     •    ••    ••     •     •    ••     •
     •     •    ••    ••     •     •    ••     •
     •     •    ••     •    ••    ••    ••     •
     •     •    ••     •    ••    ••    ••    ••
     s     s     s     e     s     s     s     n
```

Outre la transposition (symétrie par rapport à la deuxième diagonale), les autres transformations utilisées par les devins sont les trois rotations, qui forment un sous-groupe du groupe diédral.

Ces transformations interviennent dans le pseudo-quadruple *toka*. Il s'agit d'une matrice mère qui donne quatre *toka*, non pas au sein des mêmes filles, c'est impossible, mais en construisant les filles dans les quatre directions possibles. La figure ne comportant que des deux est *toka* pour la fille de troisième génération. Mais si l'on construit les filles vers la droite, on trouve la même figure *toka* dans la même position. La matrice étant invariante par rotation d'un demi-tour, la propriété est conservée pour les filles construites vers le haut et vers la gauche. La propriété exprime le fait que les quatre rotations de la matrice mère donnent toutes des tableaux *toka* pour la même figure et dans la même position (tableau 7.8).

Si l'on fait le calcul par ordinateur, on trouve trente solutions de ce type. Elles sont toutes *toka* pour la fille de troisième génération, avec soit la figure ne comportant que des deux, qui est du sud, soit la figure (deux, un, un, deux) à l'est. Mais la matrice admet de plus certaines symétries : elle est invariante par rapport au sous-groupe engendré par les symétries par rapport aux diagonales. Si l'on impose de surcroît cette double symétrie aux matrices vérifiant la propriété ci-dessus, alors il ne reste que six solutions, formées de trois matrices et de leurs rotations d'un quart de tour. De plus, les matrices étant symétriques par rapport à la deuxième diagonale, c'est nécessairement l'élément neutre (ne comportant que des deux) qui apparaît dans la fille de troisième génération.

Au terme de cette exploration des savoirs mathématiques liés à la divination à Madagascar, on voit que l'enquête de terrain apporte un complément indispensable aux analyses formelles, en permettant d'associer, dans une certaine mesure, une base cognitive réelle aux propriétés abstraites. Le fil qui nous a guidé tout au long de ce chapitre était de montrer comment chaque propriété mathématique était reliée à la pratique des devins. Cela ne veut pas dire, on s'en doute, que les devins manipulent la théorie des groupes qui nous a servi de cadre à la description du système. Mais ils appliquent la loi de groupe pour la combinaison des figures avec une rigueur toute mathématique. Et ils expriment à leur manière certaines propriétés

Tableau 7.8. Pseudo-quadruple toka *(dans les quatre directions)*

o	o	o	n	
••	•	•	•	n
•	••	••	•	o
•	••	••	•	o
•	•	•	••	o

•	•	••	••	•	•	••	•
•	••	•	••	•	••	•	•
•	••	•	••	•	••	•	•
••	•	•	••	••	•	•	••
n	o	o	s	n	o	o	n

structurelles, comme l'existence d'un élément neutre, ou la stabilité des sous-groupes. Par ailleurs, ils définissent certains tableaux remarquables *toka* ou *fohatse* sur des critères purement logiques. Leur recherche de tableaux de ce type met en œuvre certaines opérations mathématiques, comme la transposition de matrice, qu'ils désignent par un terme spécifique, *avaliky*, et dont ils donnent une définition en exécutant le geste qui permet de la réaliser concrètement par glissement des graines sur la natte. Enfin, l'étude des carnets dans lesquels les devins notent ces tableaux devrait se révéler très instructive. On a vu, en effet, qu'ils font apparaître certaines *mises en série* témoignant des méthodes utilisées par les devins pour obtenir ces tableaux, en mettant en évidence certaines classes particulières dans lesquelles ils restreignent l'espace de recherche. Le cas des tableaux dont la matrice mère a quatre colonnes identiques est, à cet égard, très significatif.

Ainsi, le rôle de l'enquête de terrain est de tisser un réseau étroit de liens entre deux plans parallèles : le plan mathématique, sur lequel on met en évidence des propriétés abstraites qui se développent de façon autonome selon les lois de la logique, et le plan anthropologique et cognitif, sur lequel on observe des processus mentaux réels, qui s'agrègent en système pour constituer le champ de connaissances propre aux membres de la société étudiée.

208   Les Mathématiques naturelles

se développent de façon autonome selon les lois de la logique, et le plan anthropologique et cognitif, sur lequel on observe des processus mentaux réels, qui s'agrègent en système pour constituer le champ de connaissances propre aux membres de la société étudiée.

Conclusion

La question qui est apparue en filigrane des pages de ce livre est celle de l'universalité de la pensée rationnelle, sujet d'un débat ancien qui a jalonné le XXe siècle[1], comme on l'a rappelé au chapitre 6. Claude Lévi-Strauss y avait apporté au début des années 1960 une contribution majeure avec son ouvrage devenu un classique de l'ethnologie, *La Pensée sauvage*. L'un des premiers préjugés que ce livre contribuait à dissiper est celui du supposé manque d'efficacité pratique des connaissances développées dans les sociétés jadis qualifiées de « primitives ». Des activités comme la magie ou la divination ont pu susciter chez les observateurs occidentaux une erreur d'appréciation les conduisant à considérer comme dénuées d'efficacité les techniques développées par ces sociétés. En réalité, à côté des techniques magiques ou divinatoires, celles-ci en développaient parallèlement d'autres à visées pratiques avec lesquelles elles parvenaient à une grande maîtrise de leur environnement et où elles faisaient preuve d'une démarche véritablement scientifique.

> « C'est au néolithique que se confirme la maîtrise, par l'homme, des grands arts de la civilisation : poterie, tissage, agriculture, et domestication des animaux. Nul, aujourd'hui, ne songerait plus à expliquer ces immenses conquêtes par l'accumulation fortuite d'une série de trouvailles faites au hasard, ou révélées par le

spectacle passivement enregistré de certains phénomènes naturels. Chacune de ces techniques suppose des siècles d'observation active et méthodique, des hypothèses hardies et contrôlées, pour les rejeter ou pour les avérer au moyen d'expériences inlassablement répétées[2]. »

Mais la pensée dite « sauvage » ne s'exerce pas uniquement dans le champ des applications pratiques. C'est même l'une de ses caractéristiques mises en évidence par Lévi-Strauss que de répondre principalement à des exigences intellectuelles, avant de satisfaire des besoins[3]. Elle se manifeste dans de multiples domaines à visée non utilitaire, comme par exemple dans les arts. Ses différentes manifestations témoignent des mêmes règles de fonctionnement que la pensée rationnelle occidentale, au point qu'on peut la qualifier, au même titre, de pensée logique.

> « Du même coup se trouvait surmontée la fausse antinomie entre mentalité logique et mentalité prélogique. La pensée sauvage est logique, dans le même sens et de la même façon que la nôtre, mais comme l'est seulement la nôtre quand elle s'applique à la connaissance d'un univers auquel elle reconnaît simultanément des propriétés physiques et des propriétés sémantiques. Ce malentendu une fois dissipé, il n'en reste pas moins vrai que, contrairement à l'opinion de Lévy-Bruhl, cette pensée procède par les voies de l'entendement, non de l'affectivité ; à l'aide de distinctions et d'oppositions, non par confusion et participation[4]. »

Il n'y a donc rien de paradoxal à s'interroger sur les possibilités d'observer dans les manifestations de la pensée sauvage certaines formes de *mathématique*. C'est le but de l'ethnomathématique, qui s'est développée depuis quelques années, à la faveur de travaux sur les propriétés mathématiques d'activités pratiquées dans les sociétés de tradition orale. Parmi ces activités, les arts visuels ont occupé une place de choix. Les riches traditions décoratives observées dans de nombreuses régions du monde ont fourni un matériau fascinant pour l'étude de certaines propriétés géométriques (symétrie de figures ornementales) ou topologiques (enchevêtrement de tracés linéaires). La musique est restée en retrait de ce mouvement, alors même qu'elle constitue un réservoir important de propriétés formelles pouvant être exprimées en langage mathématique et étudiées selon ses règles. Nous en avons montré deux exemples dans ce livre aux chapitres 4 et 5. La plupart de ces travaux portent sur des données ethnographiques recueillies par le passé. Il faut noter qu'il existe parfois un décalage important dans le temps entre l'enquête sur le terrain menée par l'ethnologue qui a recueilli ces données et les analyses effectuées ultérieurement par les ethnomathématiciens. Le cas des dessins sur le sable du Vanuatu est à cet égard typique. Nous avons vu au chapitre 2 qu'un intervalle de soixante-dix ans sépare le séjour de Deacon au Vanuatu dans les années 1920 de la publication dans les années 1990 des travaux de Marcia Ascher ou Paulus Gerdes sur ses données ethnographiques.

Le terme « ethnomathématique » peut surprendre. Les mathématiques ne consistent-elles pas à définir des concepts universels dans une langue universelle ? Comment dans ces conditions peut-on lier les termes « mathématique » et « ethno » comme si l'on voulait désigner de cette manière certaines formes de raisonnement rationnel restant étrangères à la discipline ? En réalité, pour universelles qu'elles soient, les mathématiques n'en ont pas moins une histoire associée à une géographie. Cette science apparaît, en effet, comme le fruit des traditions de différentes régions du monde – grecque, arabe, chinoise ou indienne – qui ont apporté au fil du temps leur pierre à l'édifice. L'histoire des mathématiques se donne pour but d'étudier ces traditions écrites savantes. L'ethnomathématique, elle, étend le champ d'investigation à des traditions *non écrites*, et en ce sens, elle en est un prolongement.

Parmi les idées mathématiques, il est commode de distinguer deux catégories désignées par les termes « analogique » et « analytique ». La catégorie analytique est celle des idées s'exprimant à l'aide d'un outil symbolique. Elle ne concerne que les professionnels de la discipline. L'autre catégorie, dite « analogique », est partagée de façon plus large au point que presque tout individu a des idées de ce type. Certaines d'entre elles sont faciles à concevoir, mais d'autres le sont beaucoup moins et nécessitent un effort particulier, même si elles ne font pas nécessairement usage d'un symbolisme spécialisé.

Les dessins sur le sable pratiqués au Vanuatu ou en Angola fournissent un bon exemple de cette distinction. Nous avons vu qu'ils sont tracés au moyen d'une ligne continue sans jamais repasser par un segment déjà dessiné. Le théorème d'Euler affirme qu'un tel tracé est possible si et seulement si chaque croisement du dessin sauf deux (ou éventuellement zéro si le tracé commence et finit au même point) comporte un nombre pair de sillons. Bien entendu, les dessins vanuatu ou angolais tracés avec une ligne continue respectent ces conditions. La question qui se pose est de savoir dans quelle mesure les dessinateurs en sont conscients.

Ce théorème comporte deux types d'idées mathématiques, qui se rattachent précisément aux deux catégories analogique et analytique ci-dessus. L'idée qui sert de point de départ au raisonnement est que, pour réaliser le tracé, il faut qu'à chaque croisement on puisse repartir en creusant un nouveau sillon. Il faut donc pouvoir grouper les sillons par deux, ce qui implique que leur nombre soit pair. Deux points échappent toutefois à cette règle : celui par lequel on commence (car on ne vient de nulle part), et celui par lequel on termine (car on ne repart plus). Ainsi, tous les croisements sauf deux doivent avoir un nombre pair de sillons. Cette idée est de type analogique. Elle constitue la condition nécessaire du théorème d'Euler : si un tracé avec une ligne continue est possible, alors elle est nécessairement vérifiée.

La condition suffisante soulève plus de difficultés : pour qu'un tracé avec une ligne continue soit possible, il *suffit* que la condition soit vérifiée. Cette partie du théorème ne peut être établie qu'en mettant en œuvre un appareil conceptuel plus élaboré, sous forme d'un raisonnement par récurrence sur le nombre de croisements du dessin : on montre que, si le théorème est vrai pour un dessin ayant au plus n croisements, il l'est aussi pour un dessin ayant $n + 1$ croisements. Elle est donc clairement de type analytique, et s'éloigne sensiblement de l'intuition et du sens commun dans la mesure où les raisonnements par récurrence sont fondés sur une axiomatique de l'ensemble des entiers naturels : 0, 1, 2, 3, etc. Pour cette raison, le théorème est valable seulement si l'on considère que cette axiomatique rend compte de façon satisfaisante de notre intuition de ces nombres. Or l'histoire des mathématiques a montré qu'il fallait parfois plusieurs siècles avant qu'on s'aperçoive qu'une axiomatique est mal adaptée à certaines intuitions : c'est ce qu'a mis en évidence l'axiome de Pasch dans la géométrie du triangle, comme on l'a vu au premier chapitre.

Les deux facettes du théorème d'Euler illustrent deux dimensions de l'activité mathématique. Sa partie analytique – condition suffisante fondée sur un raisonnement par récurrence – n'est concevable qu'à un stade du développement des mathématiques où l'axiomatique des entiers naturels est suffisamment établie. Sa partie analogique, en revanche, c'est-à-dire le constat que tous les croisements d'un dessin traçable avec une ligne continue sauf deux doivent avoir un nombre pair de sillons, ne nécessite aucune connaissance préalable. Elle repose sur un raisonnement simple, qui demande seulement un peu de réflexion au-delà de ce que permet l'intuition immédiate. Il est fort possible que les artistes vanuatu aient fait ce raisonnement et soient parvenus à énoncer la condition nécessaire du théorème d'Euler, mais ce point ne pourrait être établi qu'en effectuant une enquête sur le terrain auprès des personnes concernées.

La mise au point de méthodes d'enquête spécialisées sur ce genre de sujet est l'un des enjeux majeurs de l'ethnomathématique. Il serait imprudent de considérer qu'une telle enquête ne soulève aucune difficulté, et qu'il suffit de poser une question aux intéressés pour obtenir la réponse. Dans les sociétés de tradition orale, on ne pratique pas la logique formelle, ni les mathématiques en tant que discipline autonome. Chaque notion produite par la pensée véhicule toujours de nombreuses significations, que l'enquêteur doit apprendre à neutraliser s'il veut mettre en évidence les aspects proprement logique ou mathématique de ces notions. Très souvent, ceux-ci ne font l'objet d'aucune verbalisation, si bien que le dialogue avec les indigènes dérive inévitablement vers les autres aspects signifiants beaucoup plus importants à leurs yeux.

Il existe pourtant un domaine où les possibilités de verbalisation à propos d'une activité à caractère technique sont plus importantes que dans d'autres : celui des jeux de stratégie. Les experts de ces jeux, en effet, développent volontiers un discours sur leurs stratégies, dont il est possible d'analyser l'articulation logique. L'awélé en est un exemple, comme on l'a vu au chapitre 3. Dans ce jeu répandu sur tout le continent africain, les pions sont de simples graines dont les mouvements sont définis par une règle unique. Lorsqu'il ne reste plus beaucoup de graines en jeu à la fin des parties, il est possible de mettre en évidence certaines configurations ayant des propriétés remarquables. Plusieurs mathématiciens se sont intéressés à ces situations. Nous avons comparé les propriétés mathématiques qu'ils ont étudiées au discours des joueurs experts africains. L'hypothèse qui est apparue au terme de cette comparaison s'énonce ainsi : les raisonnements de mathématiciens occidentaux étudiant certaines configurations de l'awélé sont semblables sur plusieurs points à ceux d'experts africains analysant les stratégies du jeu.

Les deux points sur lesquels il est possible de rapprocher les discours des mathématiciens, d'un côté, des joueurs experts africains, de l'autre, sont, d'une part, la définition de classes générales de configurations de graines sur le tablier du jeu, et d'autre part la prédiction au moyen d'un raisonnement déductif de l'évolution inéluctable du jeu déterminée par ces configurations. Les joueurs africains définissent par exemple la notion de « piège ». Ils désignent par ce terme toute configuration du jeu telle que l'adversaire est privé de graines et qu'on peut lui en donner en créant simultanément une menace sur la ou les cases où il sera contraint de jouer. Il existe plusieurs dispositions des graines sur le tablier de l'awélé qui répondent à cette définition. En ce sens, il s'agit bien d'une classe générale. Pour chaque configuration de cette classe, les experts savent expliquer quelle est l'unique succession de coups possible. Le point important à souligner est que ces explications ne procèdent pas de séquences apprises par cœur, mais bien d'un raisonnement de type déductif. Cette distinction a été établie grâce à une recherche sur le terrain menée par un psychologue cogniticien, Jean Retschitzski, qui a travaillé avec des joueurs en Côte-d'Ivoire : « La principale question à laquelle il s'agissait de répondre était de savoir si ces "experts" villageois menaient une réflexion de type hypothético-déductive ou puisaient dans une sorte de répertoire des bons coups correspondant à une classe de situations[5]. » Retschitzski donne plusieurs exemples de dialogues avec un expert autochtone qui font clairement apparaître que celui-ci raisonne de façon hypothético-déductive[6]. Au lieu d'enchaîner les coups mécaniquement, ce dernier procède par essais et erreurs, c'est-à-dire qu'il justifie le choix d'un coup en examinant *les autres coups possibles* et en raisonnant par élimination pour choisir le coup préférable. Le schème hypothético-déductif prend donc la forme de propositions conditionnelles : « Si je joue cela, il se passe ceci. »

Les mathématiciens Duane M. Broline et Daniel E. Loeb ont étudié une classe de configurations de l'awélé qu'ils appellent « positions déterministes ». Il se trouve qu'elle correspond exactement à la définition des pièges ci-dessus, dont elle constitue une sous-classe particulière. Leur raisonnement permettant de montrer l'unicité de la suite de coups engendrée par une position déterministe, que l'on a reproduit au chapitre 3, est en tout point semblable à celui par essais et erreurs des joueurs africains. Il existe pourtant une différence essentielle entre les deux types de raisonnement. Dans le cas de Broline et Loeb, l'examen des coups possibles et le choix du coup préférable sont suivis d'une étape décisive qui consiste à reconnaître que la nouvelle situation obtenue est exactement du même type que la précédente, c'est-à-dire qu'elle rentre, elle aussi, dans la classe des positions déterministes, ce qui revient à boucler le raisonnement. Ce caractère récursif ne semble pas avoir d'équivalent, pour autant qu'on puisse en juger, chez les experts autochtones. C'est pourtant lui qui permet de montrer la portée générale de la prédiction sur l'évolution du jeu à partir d'une position déterministe, c'est-à-dire le fait qu'elle est valable pour toutes les configurations de cette classe quelle que soit leur taille, indépendamment du nombre de graines concernées.

En dehors des jeux de stratégie, qui se déroulent dans un univers abstrait de pions et de cases favorisant l'expression d'un discours technique dépouillé des aspects signifiants attachés au jeu, la situation la plus courante est celle où les structures formelles parfois très élaborées que l'on peut mettre en évidence dans les productions des sociétés de tradition orale ne font l'objet d'aucune verbalisation. C'est particulièrement vrai pour les productions musicales. Nous avons vu plusieurs exemples de telles structures concernant des rythmes asymétriques pratiqués sur tout le continent africain (chapitre 4), ou des formules de harpe jouées par les Nzakara de République centrafricaine qui apparaissaient comme de remarquables canons à deux voix (chapitre 5). Dans tous ces cas, aucun discours ne permettait de comprendre l'émergence de ces structures, et *a fortiori*, aucun terme vernaculaire les désignant n'indiquait qu'elles étaient bien présentes dans l'esprit des personnes jouant ces musiques, et qu'elles en avaient pleinement conscience.

Nous avons eu plusieurs fois l'occasion de recourir, dans de telles situations, à un argument que nous avons appelé l'« argument probabiliste ». Il s'applique à des cas où parmi tous les arrangements réalisables avec certains éléments, on constate que ceux choisis dans une culture donnée ont, pour la plupart, une même structure spécifique, et que cette structure est présente avec un taux remarquablement élevé. Si les arrangements étaient choisis de façon aléatoire, c'est-à-dire sans préférence particulière pour cette structure, on obtiendrait un taux très inférieur à la valeur observée. Ce constat conduit à penser qu'il existe une cause expliquant cette valeur élevée, et qu'elle traduit une intention de la part de ceux qui ont conçu ces arrangements. Autrement dit, les concepteurs de ces formes ont « voulu » réaliser des arrangements fondés sur ladite structure, même si rien dans leur discours ne témoigne de cette volonté et que, de ce fait, elle paraît inconsciente. Par exemple, dans le cas des formules de harpe nzakara, on a constaté que parmi la trentaine de séquences traditionnelles jouées par les harpistes, six sont de type canon. Le taux de formules en canon est donc de 20 %, ce qui est largement supérieur à celui qu'on obtiendrait si les séquences constituant le répertoire traditionnel avaient été tirées au hasard. Dans le cas des rythmes asymétriques, le constat est le même. Lorsqu'on énumère tous les rythmes théoriquement possibles, on observe qu'ils sont presque tous utilisés dans les répertoires musicaux de cette région d'Afrique centrale.

Pourtant, si l'on peut, dans de telles circonstances, postuler l'existence d'une représentation mentale justifiant l'apparition de ces structures, l'argument précédent ne dit rien sur le contenu de cette représentation. Or les idées mathématiques ont la capacité de se plier à des métamorphoses logiques qui les rendent parfois méconnaissables, les raisonnements mathématiques consistant précisément à enchaîner de telles métamorphoses. Leur caractère abstrait et dénudé explique cette plasticité. Il se trouve que la structure formelle des canons nzakara se prête à ce genre de métamorphose. Elle peut être décrite selon deux constructions distinctes, mais logiquement équivalentes. En effet, les canons nzakara sont construits selon une structure que nous avons appelée « en escalier » (les séquences sont constituées d'un même motif translaté plusieurs fois sur différents degrés de l'échelle musicale), qui fait apparaître le canon comme une simple conséquence logique. Ainsi, les représentations mentales associées à ces formules de harpe peuvent prendre indifféremment l'une ou l'autre forme. Comment, dans ces conditions, déterminer laquelle des deux constructions est la plus pertinente du point de vue des musiciens nzakara ? Cette question a fait l'objet d'un débat avec l'ethnomusicologue Klaus-Peter Brenner. J'avais réuni un ensemble d'éléments en collaboration avec Éric de Dampierre, grand spécialiste de la société nzakara, qui tendaient à conforter la thèse de l'existence d'une représentation mentale favorisant l'apparition de séquences musicales en canon. De son côté, Brenner a placé le problème dans un contexte plus large incluant des répertoires musicaux d'autres régions d'Afrique centrale, et il a rejeté cette interprétation, en proposant une analyse alternative qui revient *grosso modo* à privilégier la structure en escalier. Le débat restera sans doute ouvert à jamais en l'absence de nouveaux échanges avec les musiciens nzakara qui pratiquaient autrefois ce répertoire traditionnel, et qui sont pour la plupart aujourd'hui décédés.

Dans les deux derniers chapitres, nous avons abordé la question de l'enquête de terrain au sujet des représentations mathématiques apparaissant dans des sociétés de tradition orale – question centrale de ce livre – en présentant un travail que nous avons entrepris depuis quelques années sur la géomancie à Madagascar. La divination malgache consiste à disposer sur le sol des graines sous forme de tableau, dont certaines parties sont tirées au hasard et d'autres calculées selon des règles précises, dans le but de lire la destinée à travers certaines configurations de graines qui y apparaissent. Ses aspects mathématiques ont fait l'objet de plusieurs études traitant de ses différentes variantes africaines ou arabes. Mais les travaux qui lui sont consacrés n'établissent pas de relation précise entre les propriétés formelles du système et les processus mentaux effectivement mis en œuvre par les devins. Le fil conducteur des recherches que nous avons présentées au chapitre 7 consiste précisément à essayer de combler cette lacune, en étudiant les processus cognitifs impliqués dans la production de ces savoirs liés à la divination.

Comme pour de nombreux savoirs à caractère technique dans les sociétés sans écriture, les connaissances complexes développées par les devins sur leur pratique font rarement l'objet d'une verbalisation. Nous avons montré plusieurs exemples de difficultés rencontrées au cours de l'enquête pour parler avec les devins de leur technique divinatoire. Dans la plupart des cas, il est difficile d'isoler le plan logique sur lequel on veut placer la discussion. Cette démarche intellectuelle, qui consiste à négliger les aspects signifiants considérés par eux comme essentiels pour privilégier des aspects plus formels qu'ils jugent secondaires, a presque toujours pour effet de les étonner. Mais il ne faudrait pas en conclure à l'absence de cette dimension logique.

L'existence d'un substrat logique articulant les connaissances des devins est une réalité incontestable. Mais si celui-ci se manifeste rarement dans un discours, il est en revanche attesté par de nombreux *gestes* exécutés dans la pratique quotidienne. En déplaçant les graines à la surface de la natte sur laquelle ils sont assis, pour réaliser différentes configurations, les comparer, les énumérer ou effectuer des opérations sur elles, les devins explorent l'univers formel qui sert de cadre à leur pratique. Ces gestes auxquels ils consacrent plusieurs heures par jour pendant de nombreuses années témoignent de ce que Lévi-Strauss appelle « cet appétit de connaissance objective[7] » qui est propre à l'esprit humain dans toutes les civilisations, quel que soit leur niveau de développement. Nous avons montré au chapitre 7 plusieurs exemples de gestes enregistrés en vidéo au cours de nos enquêtes et qui étaient particulièrement révélateurs des raisonnements implicites des devins. C'est en captant un tel geste, par exemple, au détour d'une séance de travail (voir la figure 7.8), que nous avons découvert l'importance qu'ils accordent à l'opération consistant à inverser les lignes et les colonnes d'un tableau de divination (ce qui correspond, du point de vue mathématique, à une transposition de matrice), et les propriétés qui découlent de cette opération.

Une autre direction dans laquelle nous avons orienté l'enquête de terrain est celle de l'expérimentation. L'idée est d'effectuer un déplacement contextuel en proposant au sujet une tâche inhabituelle, ce qui a pour effet de provoquer chez lui la verbalisation de son action. L'un des résultats intéressants obtenus de cette manière concerne la capacité qu'ont les devins d'effectuer la construction des tableaux de graines mentalement, sans support matériel. Nous avons décrit cette expérience au chapitre 7. En essayant de répondre à une question à propos d'un tableau affiché sur l'écran d'un ordinateur portable, dont certaines parties avaient été effacées par nous, le devin s'est mis à parler à haute voix en disant les noms des parties cachées qu'il avait besoin de calculer pour répondre à la question (figure 7.4). La transcription des paroles prononcées permettait ensuite de reconstituer le déroulement des opérations mentales qu'il avait effectuées. Ce type de verbalisation forcée au moyen d'une expérience appropriée offre des perspectives très riches pour l'enquête ethnomathématique de terrain, il permet d'accéder à des mécanismes mentaux qui ne sont pas décrits par un discours réflexif, mais qui révèlent des connaissances complexes au sujet de la manipulation de certaines opérations mathématiques.

Le travail sur la divination à Madagascar a permis également d'explorer une autre voie, l'étude des carnets dans lesquels les devins notent certains tableaux de graines. Nous avons rappelé plus haut l'argument probabiliste qui est fréquemment invoqué dans les études ethnomathématiques, lorsque les traces laissées par une activité (dessins sur le sable, séquences musicales d'un répertoire traditionnel) en font apparaître un taux élevé vérifiant une propriété particulière. On suppose généralement dans ces cas-là que l'apparition de cette propriété n'est pas le fruit du hasard, mais le résultat d'une intention. Toutefois, il faut noter que la mise en série des traces n'est pas réalisée par l'expert indigène, mais par un chercheur qui en a fait l'analyse hors contexte. Or, dans le cas des carnets de devins, la situation est très différente, car la mise en série est réalisée par le devin lui-même. Ce trait apporte une information essentielle sur le plan cognitif. En effet, lorsque nous avons évoqué ci-dessus les formules de harpe nzakara en canon, nous avons souligné que rien n'indiquait que les Nzakara étaient conscients du fait que six de leurs formules de harpe étaient des canons. Nous ne disposions, entre autres, d'aucun terme vernaculaire pour désigner ces formules particulières. Mais lorsque plusieurs tableaux de divination possédant une même propriété remarquable sont placés par un devin *sur une même page de son carnet* (figure 7.7), nous avons alors la preuve qu'il est conscient que ces tableaux ont quelque chose en commun. La mise en série sur une même page joue, en quelque sorte, un rôle analogue à l'utilisation d'un terme vernaculaire pour désigner cette série particulière.

Dans la plupart des travaux menés en ethnomathématique, comme nous en avons montré plusieurs exemples au cours de ce livre, le traitement mathématique est effectué *a posteriori*, en « laboratoire », à partir de données de terrain recueillies, le plus souvent, de façon indépendante de toute préoccupation mathématique. Il en résulte un fossé important entre la richesse des propriétés mises en évidence et la pauvreté des liens établis entre celles-ci et les processus mentaux censés leur avoir donné naissance. Tout se passe comme si les indigènes des sociétés étudiées, à l'instar de Monsieur Jourdain, faisaient des mathématiques « sans le savoir ».

Les travaux présentés dans les deux derniers chapitres, quant à eux, ont montré quelques pistes permettant d'établir un pont entre certaines propriétés mathématiques et des modes de penser spécifiques à une société de tradition orale, en associant, de façon étroite, l'analyse mathématique et l'enquête de terrain. Cette approche fournit une ébauche de solution à cette question qui constitue le défi essentiel de l'ethnomathématique : comment relier les constructions élaborées par les ethnomathématiciens aux processus mentaux réellement mis en œuvre par les experts indigènes ? Autrement dit, comment s'assurer que l'on est bien en présence de véritables « mathématiques indigènes » ? L'enjeu est de taille, car comme on l'a souligné plus haut, les recherches ethnomathématiques ont un certain retard sur le grand mouvement ethnographique de la fin du XIXe et du début du XXe siècle qui a conduit les institutions scientifiques des pays occidentaux – pour des raisons souvent liées aux intérêts coloniaux – à envoyer aux quatre coins du monde des chercheurs chargés d'observer et de recueillir des informations sur les coutumes et les pratiques de la plupart des sociétés. Il est évident que peu d'ethnographes parmi eux étaient des mathématiciens spécialisés. Ce détail sans doute insignifiant à l'époque a produit avec le recul du temps ce qui apparaît aujourd'hui comme une *erreur de perspective* : les mathématiques pratiquées dans ces sociétés ont été ignorées faute d'observateurs capables de les décrire et de les étudier. Cette absence a donné naissance à de nombreuses interrogations sur l'universalité de la pensée rationnelle, qui se trouvaient en partie faussées par un manque d'informations suffisamment précises. C'est le rôle de l'ethnomathématique aujourd'hui de combler cette lacune, en contribuant à dresser un état des lieux aussi fidèle et exhaustif que possible des mathématiques pratiquées par l'humanité dans son ensemble.

Notes

Avant-propos

1. Dont les travaux du groupe de mathématiciens réunis sous le pseudonyme collectif Nicolas Bourbaki représentent une forme d'achèvement.

2. Philip J. Davis et Reuben Hersh, *L'Univers mathématique*, 1982, trad. Lucien Chambadal, Paris, Gauthier-Villars, 1985, p. 292.

3. Stanislas Dehaen, *La Bosse des maths*, Paris, « Poches Odile Jacob », 2003, p. 245.

4. Dan Sperber, *La Contagion des idées*, Paris, Odile Jacob, 1996, p. 151.

5. *Ibid.*, p. 88.

CHAPITRE PREMIER

Mathématiques sans écriture ?

1. Philip J. Davis et Reuben Hersh, *L'Univers mathématique*, 1982, trad. Lucien Chambadal, Paris, Gauthier-Villars, 1985, p. 292.

2. Gilles Godefroy, *L'Aventure des nombres*, Paris, Odile Jacob, 1997, p. 34.

3. *Ibid.*, p. 183.

4. *Ibid.*, p. 184.

5. P. J. Davis et R. Hersh, *op. cit.*, p. 152.

6. Dan Sperber, *La Contagion des idées*, Paris, Odile Jacob, 1996, p. 50.

7. *Ibid.*, p. 51.

8. F. Bresson, « Les fonctions de représentation et de communication », *in* J. Piaget, P. Mounoud, J.-P. Bronckart (éd.), *Psychologie*, Paris, Encyclopédie de la Pléiade, 1987, p. 948.

9. *Ibid.*, p. 964.

10. G. Rouget, *Un roi africain et sa musique de cour*, Paris, CNRS Éditions, 1996, p. 13.

11. *Ibid*.

12. Gilles Godefroy, *op. cit.*, p. 3.

13. O. Houdé, B. Mazoyer, N. Tzourio-Mazoyer, *Cerveau et psychologie. Introduction à l'imagerie cérébrale anatomique et fonctionnelle*, Paris, PUF, 2002, p. 369, 546.

14. M. Bloch, « Le cognitif et l'ethnographique », *Gradhiva*, 17, 1995, p. 45-54.

15. Le *sol* de la gamme tempérée est à 98 Hz.

16. B. Lortat-Jacob, *Chants de passion. Au cœur d'une confrérie de Sardaigne*, Paris, Cerf, 1998, p. 144.

CHAPITRE 2
Arts visuels

1. Cette évolution est le fruit des différents travaux consacrés à ce sujet, qui ont contribué au fil des ans à faire changer les points de vue. Citons par exemple l'ouvrage de Claudia Zaslavsky, *L'Afrique compte ! Nombres, formes et démarches dans la culture africaine*, 1973, trad. V. Henderson, Paris, Éd. du Choix, 1995.

2. Le terme « ethnomathématique » est défini et discuté dans l'article de Marcia et Robert Ascher, « Ethnomathematics », *History of Science*, t. 24, 1986, p. 125-144.

3. George Pòlya, « Über die Analogie der Krystallsymmetrie in der Ebene », *Zeitschrift für Kristallographie*, t. 60, 1924, p. 278-282.

4. Andreas Speiser, *Die Theorie der Gruppen von endlicher Ordnung*, 2e éd., Berlin, Springer, 1927. Le chapitre six sur les symétries des ornements, absent dans la première édition du livre en 1922, a été ajouté dans l'édition de 1927 (p. 76-97), sans doute à la suite de la parution de la note de Pòlya.

5. Hermann Weyl, *Symétrie et mathématique moderne*, Paris, Flammarion, 1964.

6. G. Pòlya, *op. cit.*

7. A. Speiser, *op. cit.*

8. Je remercie Jean Dhombres qui m'a fait connaître ces travaux.

9. O. Keller, *Aux origines de la géométrie. Le Paléolithique et le monde des chasseurs-cueilleurs*, Paris, Vuibert, 2004, p. 181.

10. Interprétée par Daniel Kientzy sur le CD *Kientzy plays Johnson*, Pogus 21033.

11. Voir animation sur le site www.odilejacob.fr, rubrique sites auteurs.

12. J.-P. Cabane, *Ululan, les sables de la mémoire*, Nouméa, Grains de sable, 1997, p. 18.

13. B. Deacon, « Geometrical drawings from Malekula and other islands of the New Hebrides », *Journal of the Royal Anthropological Institute*, t. 64, 1934, p. 129-175.

14. Voir animation sur le site www.odilejacob.fr, rubrique sites auteurs.

15. J.-P. Cabane, *op. cit.*, p. 53.

16. M. Ascher, *Mathématiques d'ailleurs*, trad. K. Chemla et S. Pahaut, Paris, Seuil, 1998, p. 65.

17. Voir animation sur le site www.odilejacob.fr, rubrique sites auteurs.

18. La démonstration utilise la notion de « composante connexe » d'un graphe.

19. *Vanuatu. Océanie. Arts des îles de cendre et de corail*, catalogue de l'exposition, Paris, musée des Arts d'Afrique et d'Océanie, 1997, p. 42.

20. Voir animation sur le site www.odilejacob.fr, rubrique sites auteurs.

21. Voir animation sur le site www.odilejacob.fr, rubrique sites auteurs.

22. P. Gerdes, *Une tradition géométrique en Afrique. Les dessins sur le sable*, Paris, L'Harmattan, 1995, p. 20.

23. Voir animation sur le site www.odilejacob.fr, rubrique sites auteurs.

24. Voir animation sur le site www.odilejacob.fr, rubrique sites auteurs.

25. P. Gerdes, *op. cit.*, p. 205.

26. *Ibid.*, p. 373.

CHAPITRE 3
Jeux de stratégie

1. R. Eglash, « L'algorithmique ethnique », *Pour la science*, 2005, numéro spécial 47, p. 102-104.

2. J. Retschitzski, *Stratégies des joueurs d'awélé*, Paris, L'Harmattan, 1990.

3. Ph. J. Davis et Reuben Hersh, *L'Univers mathématique*, 1982, trad. L. Chambadal, Paris, Gauthier-Villars, 1985, p. 181.

4. P. Boyer, « Tradition et vérité », *L'Homme*, t. 26, 1986, p. 309-329.

5. S. Scribner, « Modes of Thinking and Ways of Speaking. Culture and Logic Reconsidered », P. N. Johnson-Laird et P. C. Watson (sld), *Thinking. Readings in Cognitive Science*, Cambridge, Cambridge University Press, 1977, p. 483-500.

6. A. Deledicq et A. Popova, *Wari et solo. Le jeu de calculs africain*, Paris, CEDIC, 1977.

7. É. de Dampierre, « Le jeu nzakara de la guerre », note MSHO n° 1, université Paris-X.

8. La partie de la théorie des jeux concernée par les jeux de pions est le sujet de la thèse de Claude Berge, *Théorie générale des jeux à n personnes*, mémoire des Sciences mathématiques, t. 138, Paris, Gautier-Villars, 1957. Pour une référence plus récente, *cf.* l'ouvrage de J. H. Conway, *On Numbers and Games*, Academic Press, 1976. Pour une étude des jeux envisagés sous un angle plus général, voir les ouvrages

classiques de J. Huizinga, *Homo ludens : essai sur la fonction sociale du jeu*, 1938, rééd. Paris, Gallimard, collection « Tel », 1988 et R. Caillois (sld), *Jeux et sports*, Encyclopédie de la Pléiade, 1967.

9. J. W. Romein et H. E. Bal, « Solving the game of Awari with parallel retrograde analysis », *IEEE Computer*, t. 36 (10), 2003, p. 26-33.

10. Par exemple dans R. P. Kovach, *Oware, A Winning Numbers Game, Sapient Software*, 1995, svn.net/rkovach/oware, qui contient en annexe la reproduction du chapitre de G. T. Bennett.

11. G. T. Benett, « Wari », R. S. Rattray (sld), *Religion & art in Ashanti*, Oxford, The Clarendon Press, 1927.

12. R. Eglash, *op. cit.*

13. S. Wolfram, « Cellular automata as models of complexity », *Nature*, t. 311, 1984, p. 419-424.

14. A. Bouchet, *Owari I. Marching Groups and Periodical Queues*, manuscrit, 2005.

15. H. Bruhn, « Periodical states and marching groups in a closed owari », manuscrit, 2005.

16. D. M. Broline, D. E. Loeb, « The Combinatorics of Mancala-Type Games : Ayo, Tchoukaillon, and $1/\pi$ », *UMAP Journal (The Journal of Undergraduate Mathematics and its Applications)*, t. 16 (1), 1995, p. 21-36. J'ai eu connaissance de ces travaux grâce aux conseils amicaux de Jean-Paul Allouche.

17. J. Retschitzski, *op. cit.*, p. 190.

18. *Ibid.*, p. 196.

19. Le livre de Retschitzski rapporte également des analyses des situations de type 3-2, 3-3, 4-3, 5-4, 4-5, 3-4 et 5-5 (*ibid.*, p. 197).

20. *Ibid.*, p. 50.

21. *Ibid.*, p. 199.

CHAPITRE 4

Musique (1) :
rythmes asymétriques

1. C. Brailoiu, « Le rythme *aksak* », *Revue de musicologie*, t. 33, 1952, p. 71-108.

2. G. Rouget, *Un roi africain et sa musique de cour*, *op. cit.*, p. 14.

3. Les travaux de Tran Qang Hai sur le chant diphonique, par exemple, ont permis de révéler le rôle caché de la langue pour modifier la résonance de la cavité buccale, rôle qui a été rendu apparent grâce à l'utilisation de la radiographie dans le film de Hugo Zemp, *Le Chant des harmoniques*.

4. Simha Arom, *Polyphonies et polyrythmies d'Afrique centrale. Structure et méthodologie*, Paris, Selaf, 1985. Les exemples des Pygmées Aka se trouvent p. 439 et 839, celui du *kponingbo* des Zandé p. 470, celui de la *sanza* des Gbaya, et de la harpe des Ngbaka p. 435 et 474.

5. Voir animation sur le site www.odilejacob.fr, rubrique sites auteurs.

6. Simha Arom, *op. cit.*, p. 426.

7. Voir animation sur le site www.odilejacob.fr, rubrique sites auteurs.

8. M. Chemillier, C. Truchet, « Computation of words satisfying the "rhythmic oddity property" (after Simha Arom's work) », *Information Processing Letters*, t. 86 (5), 2003, p. 255-261.

9. Dans la préface du premier livre de Lothaire, en 1983, Dominique Perrin rappelle que le point de départ des travaux du groupe est un texte rédigé d'après des notes prises lors des conférences données par Schützenberger en 1966 à l'université de Paris, intitulé « Quelques problèmes combinatoires de la théorie des automates » (M. Lothaire, *Combinatorics on Words*, *Encyclopedia of Mathematics*, Vol. 17, Addison-Wesley, 1983 ; réédition Cambridge University Press, 1997).

10. M. Chemillier, « Structure et méthode algébriques en informatique musicale », thèse, université Paris-VII, 1989.

11. Cette construction est inspirée de la règle de Rauzy qui intervient dans le calcul des mots sturmiens (M. Lothaire, *Algebraic Combinatorics on Words*, Cambridge University Press, 2002, p. 58). Je remercie Maurice Nivat qui avait attiré mon attention sur les similitudes existant entre ceux-ci et la propriété d'imparité rythmique.

12. R. W. Hall, P. Kingsberg, « Asymmetric Rhythms and Tiling Canons », submitted to *American Math. Monthly*, 2004.

13. S. Arom, *op. cit.*, p. 427.

14. J.-M. Schaeffer, « Objets esthétiques ? », *L'Homme*, n° 170, 2004, p. 42.

CHAPITRE 5

Musique (2) :
formules de harpe en canon

1. Nous avons déjà assisté à l'un de ces « coups de théâtre mathématiques » au chapitre 3, dans la section consacrée aux positions déterministes de l'awélé, lorsque le nombre *pi* a fait une apparition inopinée dans un problème d'énumération qui n'avait *a priori* rien à voir avec la géométrie du cercle (*pi* est défini par le rapport de la circonférence d'un cercle et de son diamètre).

2. C. Lévi-Strauss, *La Pensée sauvage*, Paris, Plon, 1962, rééd. Agora, p. 299.

3. Archipel du Pacifique dont nous avons parlé au second chapitre à propos des célèbres dessins sur le sable qui y sont pratiqués.

4. J.-P. Sartre, *Critique de la raison dialectique*, Paris, Gallimard, 1960, p. 505.

5. Paris, Plon, 1968, p. 11.

6. É. de Dampierre, *Poètes nzakara*, I, Paris, Classiques africains, 1963, p. 9.

7. É. de Dampierre (sld), *Une esthétique perdue*, Paris, Presses de l'École normale supérieure, 1995, p. 71.

8. *Ibid.*, p. 213.

9. On peut entendre le résultat sonore correspondant dans le disque édité par la Cité de la musique lors de l'exposition sur les harpes d'Afrique centrale en 1999 (plage 5). La deuxième formule de harpe peut également être entendue dans le disque *Musiques des anciennes cours Bandia* paru en 1996 dans la collection CNRS/Musée de l'Homme (plage 5), malheureusement épuisé aujourd'hui.

10. Voir animation avec le son sur le site www.odilejacob.fr, rubrique sites auteurs.

11. Voir animation sur le site www.odilejacob.fr, rubrique sites auteurs.

12. É. de Dampierre, *Penser au singulier*, Nanterre, Société d'ethnologie, 1984, p. 20.

13. É. de Dampierre, *op. cit.*, 1995, p. 18.

14. Cette coiffure « gironnée » de tête sculptée de harpe est l'illustration de couverture du livre *Une esthétique perdue*.

15. D. Sperber, *La Contagion des idées*, Paris, Odile Jacob, 1996, p. 68.

16. Voir animation avec le son sur le site www.odilejacob.fr, rubrique sites auteurs.

17. Ces deux analyses (canon ou structure en escalier) sont deux manières de voir un même objet. Simha Arom faisait observer que cette situation rappelle l'illusion du cube de Necker, dont les faces avant et arrière sont d'égales mesures, de telle sorte qu'on peut le voir selon deux perspectives différentes, et que le cerveau hésite entre les deux représentations.

18. K.-P. Brenner, *Die kombinatorisch strukturierten Harfen – und Xylophonpattern der Nzakara (Zentralafrikanische Republik) als klingende Geometrie – eine Alternative zu Marc Chemilliers Kanonhypothese*, Bonn, Holos-Verlag, 2003.

19. E. von Hornbostel, « African Negro music », *Africa*, 1, 1928, p. 30-62.

20. K.-P. Brenner, *op. cit.*, p. 12-13.

21. *Ibid.*, p. 187.

22. *Ibid.*, p. 189.

23. D. Benson, *Music : a Mathematical Offering*, Cambridge, Cambridge University Press, 2006.

24. K.-P. Brenner, *op. cit.*, p. 47. Brenner donne des figures indiquant les centres des rotations p. 150 pour le *limanza* (fig. 70/2 de son livre), et p. 122 pour la plus courte des formules *ngbàkià* (fig. 33).

CHAPITRE 6
Divination (1) :
règles de la géomancie

1. M. Ascher, « Malagasy Sikidy : A Case in Ethnomathematics », *Historia Mathematica*, t. 24, 1997, p. 376-395.

2. L. Lévy-Bruhl, *La Mentalité primitive*, Paris, Alcan, 1922.

3. E. E. Evans-Pritchard, *Witchcraft, oracles and magic among the Azande*, Oxford, Clarendon Press, 1937.

4. Ou *sikily* dans le dialecte du Sud, les « d » étant souvent remplacés par « l » quand on passe du malgache officiel au parlé du Sud.

5. Les Antemoro (parfois écrit Antaimorona) sont connus pour avoir développé à Madagascar une forme d'écriture de la langue malgache inspirée de l'écriture arabe, bien avant l'introduction de l'alphabet occidental (cette écriture était utilisée dès le XVIᵉ siècle, et s'est répandue à Madagascar, notamment en pays Merina où son usage est clairement attesté sous le règne d'Andrianampoinimerina, 1787-1810). Parmi les textes écrits selon ce système, appelés *Sorabe*, on trouve des études d'astrologie et de géomancie, dont certaines sont des adaptations de textes arabes plus anciens traitant des mêmes sujets (voir Maurice Bloch, « Astrology and Writing in Madagascar », Jack Goody (éd.), *Literacy in Traditional Societies*, Cambridge, University Press, 1968, p. 284). Gabriel Ferrand a publié au début du XXᵉ siècle un article sur un texte d'astrologie conservé dans le manuscrit 8 du fonds arabico-malgache de la Bibliothèque nationale (« Un chapitre d'astrologie arabico-malgache », *Journal asiatique*, sept.-oct. 1905, p. 193-275).

6. Rééd ition Paris, Inalco, Karthala, 1995.

7. Cette photo est tirée du beau livre de Martine Balard qui retrace la carrière de Raymond Decary, *Madagascar 1916-1945. Les regards d'un administrateur-ethnographe : R. Decary*, La Réunion, Azalées Éditions, 2002.

8. R. Decary, *La Divination malgache par le sikidy*, Paris, Librairie orientaliste Paul Geuthner, 1970.

9. M. Ascher, *op. cit.*

10. M. Anona, « Aspects mathématiques du sikidy », Université d'Antananarivo, Département de mathématique et informatique, manuscrit, 2001.

11. J.-F. Rabedimy, *Pratiques de divination à Madagascar. Technique du sikidy en pays sakalava-menabe*, Paris, Orstom, n° 51, 1976. Lors des différents séjours que nous avons effectués à Madagascar, nous avons pu rencontrer ces deux chercheurs, Manelo Anona et Jean-François Rabedimy, que nous remercions pour leur accueil.

12. Voir, par exemple, l'ouvrage classique de R. Jaulin, *La Géomancie. Analyse formelle*, notes mathématiques de Robert Ferry et Françoise Dejean, Paris, Mouton, 1966.

13. Voir vidéo sur le site www.odilejacob.fr, rubrique sites auteurs.

14. Voir la construction sous forme d'animation sur le site www.odilejacob.fr, rubrique sites auteurs.

15. Notons aussi que, dans la capitale, se développe une pratique de « voyance » sans rapport avec le *sikidy*, qui remplace les règles traditionnelles par des techniques hétéroclites, affirmant qu'ils n'ont pas besoin de s'embarrasser de constructions sophistiquées pour être « en communication directe avec les esprits ».

16. D. Sperber, *Le Symbolisme en général*, Paris, Hermann, 1974, p. 91.

17. R. Decary, *op. cit.*, p. 28.

18. J.-C. Hébert, « Analyse structurale des géomancies comoriennes, malgaches et africaines », *Journal de la Société des Africanistes*, 21, 1961, p. 140.

19. R. Decary, *op. cit.*, p. 5.

20. Les observations de Maurice Bloch (*op. cit.*), qui a travaillé au nord du pays Merina avec des astrologues (*mpanandro*, mais ceux-ci pratiquent également la géomancie *sikidy*), se rapprochent des nôtres sur plusieurs points : esprit de « compétition », distinction entre le professionnel et l'« amateur », nécessité d'une certaine « maturité » pour être reconnu (*senior man*).

21. Par exemple, au XIXe siècle, le docteur Lasnet rédige en 1899 une « Note d'ethnologie et de médecine sur les Sakalaves du N.O. » parue dans les *Annales d'hygiène et de médecine coloniale* qui contient un classement des figures du *sikidy* en points cardinaux pratiqué par les Sakalaves, identique à celui-ci (cette référence nous a été communiquée par Noël Gueunier).

22. J.-C. Hébert, *op. cit.*, p. 158.

23. Dans les textes arabes, on trouve de nombreuses classifications, appelées *tasakin*, en quatre classes de quatre figures chacune (pas nécessairement liées aux points cardinaux), et dont certaines ont des propriétés mathématiques élaborées. Robert Jaulin a étudié la classification en usage chez les Sara du Tchad, qu'il appelle système au repos. Il a mis en évidence les deux propriétés remarquables suivantes : (*i*) le nombre total de points par classe est toujours égal à 24, et (*ii*) dans chaque classe, les figures se groupent par couples dont la somme est constante égale à (deux, un, deux, un).

CHAPITRE 7

Divination (2) : cognition

1. *Tsiota* et *tsota* viennent de *tsy ota*.

2. Ces tests chronométriques, utilisés en psychologie cognitive, permettent de visualiser des images sous forme d'un diaporama et de mesurer (en millisecondes) le temps de réponse du sujet à une question concernant les images. L'un des résultats les plus spectaculaires obtenus par cette méthode concerne la reconnaissance de lettres. Si l'on propose des

lettres qui ont subi une rotation, on observe que le temps de réaction des sujets est proportionnel à l'angle de la rotation, ce qui montre qu'ils sont obligés de refaire mentalement la rotation inverse pour pouvoir identifier les lettres.

3. R. Decary, *op. cit.*, p. 35.

4. J.-F. Rabedimy, *op. cit.*, p. 78.

5. Voir vidéo sur le site www.odilejacob.fr, rubrique sites auteurs.

6. Voir vidéo sur le site www.odilejacob.fr, rubrique sites auteurs.

7. Voir par exemple P. Tannery, « Le Rabolion. Traités de géomancie arabes, grecs, et latins », *Mémoires scientifiques*, t. IV, 1920, Paris, Éditions Jacques Gabay, 1996, p. 349.

8. Mathématiquement, cette propriété de linéarité par rapport à la matrice mère rappelle les carrés magiques. Pour ces derniers, les sommes des lignes et des colonnes (dont les valeurs doivent être égales) sont également des applications linéaires. On sait que l'étude des carrés magiques était très prisée dans le monde arabe médiéval (voir l'ouvrage de Jacques Sesiano, *Un traité médiéval sur les carrés magiques*, Lausanne, Presse polytechniques et universitaires romandes, 1996), et qu'elle fournit aujourd'hui un ensemble de problèmes difficiles pour les mathématiques contemporaines (voir R. Descombes, *Les Carrés magiques : histoire, théorie et technique du carré magique, de l'Antiquité aux recherches actuelles*, Paris, Vuibert, 2000).

9. J.-F. Rabedimy, *op. cit.*, p. 81.

10. M. Ascher, *op. cit.*

11. Cette situation correspond en logique épistémique à l'application d'une modalité de type « croire P ». Notons que Jean-François Rabedimy utilise ici le mot français « tableau » en tant que chercheur et connaisseur s'adressant à des chercheurs. Les devins utilisent les expressions *tokon-tsikily* (ce *sikily* qu'on a posé) et *sikily tia* (ce *sikily*-là) pour désigner tableau, figure de *sikily*, matrice mère, etc.

12. Le terme *toka* est un terme du Sud, alors qu'au Nord on dirait *tokana*. L'ajout de la syllabe *na* lorsqu'on passe du parlé du Sud au malgache officiel est un phénomène courant. Notons que dans le langage quotidien, ce mot a le sens de « unique ».

13. Cette catégorie de tableaux remarquables est passée relativement inaperçue dans les études sur le *sikidy*. Decary est l'un des seuls a en donner quelques exemples sous le nom de « *sikidy* divers » (*op. cit.*, p. 38-41). Noël J. Gueunier signale que chez les Masikoro (sous-groupe Sakalava de la région de Tuléar), il existe un radical *fohatse*, variante moins courante de l'usuel *vokatse*, qui donne l'idée de « action de sortir de la terre, de déterrer », mais le rapport avec le terme antandroy utilisé pour la divination n'est pas clair.

14. Il est très curieux de constater que l'existence de ces carnets ne fait l'objet d'aucune mention dans les études ethnographiques. Rabedimy fait une brève allusion à la notation de certains *toka* sur des battants de

porte ou sur des « tablettes » (*op. cit.*, p. 161). Decary n'en parle pas. Or nous avons constaté que cet usage est absolument général, et que tout devin, aujourd'hui, utilise plusieurs carnets ou cahiers. Aussi peut-on raisonnablement penser qu'il s'agit d'une pratique récente. Notons toutefois que Maurice Bloch, dans son étude sur les astrologues au nord du pays Merina (*op. cit.*, p. 295), signale l'utilisation de petits opuscules (*chapbook*) dans lesquels ceux-ci copient diverses informations (observations astrologiques, proverbes, citations de la Bible, etc.).

15. À l'opposé des tableaux ayant un grand nombre de répétitions, il y a ceux qui en ont le moins possible. Mais tout tableau comporte au moins une répétition, c'est-à-dire deux colonnes égales. D'après Marcia Ascher, cette propriété est connue des devins (*op. cit.*, 1997, p. 384). Jean-Pierre Mouls a dénombré par ordinateur les tableaux n'ayant qu'une seule répétition (« Nouvelles orientations pour une typologie formelle des séquences fixes de figures des premiers traités de géomancie arabe », manuscrit en ligne sur geomance.com, 2004). On constate qu'ils sont seize, et que parmi eux (i) la figure répétée est nécessairement en seizième colonne, et (ii) la figure absente est toujours l'élément neutre (2, 2, 2, 2).

16. Cette relation de complémentarité est compatible avec la répartition en classes paires et impaires. Dans le cas des figures paires, Robert Jaulin a montré qu'elle a une valeur sémantique forte dans la terminologie arabe (dont dérive celle utilisée à Madagascar). Par exemple, (1, 1, 1, 1) = *Et tariq* (qui donne *tareky* en malgache) signifie la solitude, alors que (2, 2, 2, 2) = *El jamâ'a* signifie l'assemblée. L'interprétation de Jaulin va d'ailleurs beaucoup plus loin, car il associe le développement de l'islam monothéiste au passage d'une géomancie additive à une (hypothétique) *géomancie multiplicative*, l'élément neutre (2, 2, 2, 2) étant remplacé par (1, 1, 1, 1) : « L'impair [...] va devenir l'élément unité de l'univers islamique » (R. Jaulin, *L'Univers des totalitarismes. Essai d'ethnologie du « non-être »*, Paris, L. Talmart, 1995, p. 77).

17. Avec des translations, il engendre trois groupes de pavage parmi les dix-sept énumérés par Pòlya (voir chapitre 2).

18. Voir vidéo sur le site www.odilejacob.fr, rubrique sites auteurs.

Conclusion

1. Voir par exemple B. R. Wilson (sld), *Rationality*, Oxford, Basil Blackwell, 1970.

2. C. Lévi-Strauss, *La Pensée sauvage*, *op. cit.*, p. 27.

3. *Ibid.*, p. 21.

4. *Ibid.*, p. 319.

5. J. Retschitzski, *Stratégies des joueurs d'awélé*, *op. cit.*, p. 167.

6. *Ibid.*, p. 181.

7. C. Lévi-Strauss, *op. cit.*, p. 13.

Index

Table des matières

Imprimé par Lightning Source France
1 avenue Gutenberg
78310 Maurepas

N° d'édition : 7381-1902-Y